全国高等学校教材

人机交互中的用户行为研究（第二版）

武汇岳 ◎ 编著

Research On User Behavior
In Human-Computer Interaction

中山大学出版社

·广州·

图书在版编目（CIP）数据

人机交互中的用户行为研究/武汇岳编著 . -- 2 版 . 广州：中山大学出版社，2024. 11. -- ISBN 978 - 7 - 306 - 08210 - 7

Ⅰ. TB11

中国国家版本馆 CIP 数据核字第 2024DV9492 号

出　版　人：王天琪
策划编辑：金继伟
责任编辑：黄浩佳
封面设计：曾　斌
责任校对：陈　莹
责任技编：靳晓虹
出版发行：中山大学出版社
电　　　话：编辑部 020 - 84110283，84113349，84111997，84110779，84110776
　　　　　发行部 020 - 84111998，84111981，84111160
地　　　址：广州市新港西路 135 号
邮　　　编：510275　　　　　传　真：020 - 84036565
网　　　址：http://www.zsup.com.cn　　E-mail：zdcbs@mail.sysu.edu.cn
印　刷　者：广州市友盛彩印有限公司
规　　　格：787mm×1092mm　　1/16　　19.25 印张　　330 千字
版次印次：2019 年 4 月第 1 版　　2024 年 11 月第 2 版　　2024 年 11 月第 1 次印刷
定　　　价：68.00 元

序　言

　　人机交互是当前信息科学技术领域的重点研究内容之一，作为影响人类生活和推动经济发展的颠覆性信息技术，它具有重要的研究价值和应用价值。在云计算与大数据时代背景下，人机交互在包括教育、制造和医疗等国民经济重要行业里都发挥着关键的作用。目前，人机交互的研究已经吸引了国内外的广泛关注。在学术界，许多著名的高校和科研机构都设置了人机交互博士、硕士和本科专业，并且开设了人机交互的相关课程；在工业界，人机交互的相关理论、方法和关键技术也逐渐渗透到很多产品的研发过程中。但是，目前基于人机交互的应用系统可用性不高，用户体验比较差。究其原因，除了存在某些技术方面的缺陷之外，产品设计开发过程中对于用户行为和用户体验等方面的研究和关注度不够也是一个重要因素。因此，产学研界越来越强调在产品设计开发的过程中采用"以用户为中心的设计（User-Centered Design，UCD）"和"用户参与式设计（Participatory Design，PD）"等方法来研究用户的心智模型、交互行为和主客观体验。

　　因此，无论学术界还是工业界，都迫切需要一本能够专门用来指导人机交互设计与可用性评估的用户行为分析研究的教材和参考书。本书正是在这样的背景和需求之下产生的。本书凝聚了作者多年在第一线的教学经验与科研成果，融合了人机交互、行为科学和统计学等相关学科的专业知识，深入讨论了人机交互中用户行为研究的理论意义、实验设计和数据统计分析等相关问题。本书内容先进，自成体系，适应面广，希望能够为相关领域的教学科研和其他从业人员提供理论指导，为人机交互技术走向自然、智能和高效提供重要的理论和方法支持，丰富和发展本学科的科学研究。

戴国忠

北京，中国科学院软件研究所

2018 年 12 月 14 日

第 二 版 前 言

本书自 2019 年第一版出版以来，受到了广大读者的欢迎，被国内很多高校选为本科生和研究生的课程教材或被业界相关从业人员选为指导项目实践的参考书，故此也借第二版出版之际，衷心感谢广大读者的大力支持与厚爱。

与第一版相比，本书第二版在很多地方做了调整和改进。

1. 本书在第一版出版时，所有的案例均使用了 SPSS 22.0 进行统计分析，时至今日，SPSS 已经升级到了 29.0，最新版本的 SPSS 无论在功能上还是在界面上，各方面均较之前的旧版本有了不少的变化。相比之前的 22.0 版本，新升级的 29.0 版本在易学习性和易使用性以及软件功能的丰富程度和界面的美观程度上都有了较大的改善。因此，本书第二版中所有的案例，均使用当下最新版的 SPSS 29.0 进行统计分析，并对第一版中所有案例的操作步骤截图进行了替换，以便读者能够更好地跟进软件新功能和界面操作逻辑。

2. 为了让读者更好地掌握和巩固书中所介绍的统计分析方法，达到举一反三的效果，本书第二版在每一章的后面，都增加了相应的习题以及配套答案，所有的习题答案均已在 SPSS 29.0 上检查运行，确保结果正确。本书有意将习题和答案分开，读者可先自行练习章后习题，再对照附录中的答案进行检查。

3. 在内容方面，相比第一版也有了较大调整。例如，在本书第 11 章第 1 节中，增加了事后检验两两比较方法的总结性介绍，使读者在实践过程中处理具体问题时可以有更加灵活的参考方法；在第 12 章

1

第 3 节中，增加了应用非参数检验事后两两比较方法时，是否需要以及何时需要调整 α 水平的经验性建议；在第 13 章中增加了 Kappa 一致性检验及其相关案例。当然，调整幅度比较大的还是新增加的两章内容，即第 14 章 "相关分析" 和第 15 章 "线性回归"。希望新增加的这两章内容可以给读者提供更多的统计方法选择。与第一版相比，原来的第 14 章被调整至第 16 章。

感谢中山大学出版社的各位同事们，他们在本书的出版过程中付出了大量辛苦的劳动。感谢我的研究生伍子科，他为本书的校稿和案例验证做了大量工作。感谢家人一直以来的陪伴和支持。

本书的出版受到了我主持的国家自然科学基金项目（62272500）和广东省自然科学基金项目（2021A1515011990）的资助，在此一并表示感谢。

希望广大读者能够一如既往地喜爱本书的内容，并对本书内容的不足之处提出宝贵的意见和批评建议，使本书在再次改版时能够更上一层楼，以飨广大读者的支持和厚爱。

武汇岳

广州，中山大学

2024 年 2 月 16 日

前　言

　　本书内容融合了人机交互、用户行为科学、认知心理学和统计学等相关学科的知识，主要定位为国内各大高校的本科生和研究生的课程教材以及从事人机交互、交互设计和用户体验等方面工作的科研人员与业界从业人员的参考书。

　　从世界上第一台计算机发明开始便有了人机交互，迄今为止已经走过了70多个年头。在这70多年的时间里，人机界面和交互技术不断地发生着变化，人机交互方式也从传统的"以计算为中心"悄然转变为现在的"以用户为中心"。为了提高系统的可用性和用户满意度，人机交互产品在设计开发和使用过程中，越来越强调对用户心智模型和用户行为的观察和研究。因此，产学研界迫切需要一本能够用来指导人机交互中的用户行为研究的教材和参考书。本书正是在这样的背景和需求之下产生的。

　　全书分为3个部分共14章。第一部分是基本概念（第1～2章），介绍了人机交互和用户界面的定义、人机交互模型、界面范式和交互隐喻、人机交互发展所经历的历史变迁，以及人机交互中的用户行为研究的意义。第二部分介绍了用户行为研究中的实验设计方法（第3～6章），包括用户行为实验方法分类、实验流程设计、实验前准备以及实验的具体实施过程。第三部分是用户行为实验数据分析（第7～14章），包括统计学基础、假设检验、实验效度、t检验、方差分析、秩和检验、卡方检验以及用户行为实验总结等。

　　本书的完成要感谢我的博士生导师戴国忠研究员以及美国宾夕法

尼亚州立大学信息科学与技术学院的张小龙副教授，他们对本书的写作给予了极大的鼓励和支持，并在本书的框架结构以及内容选取等方面提出了非常宝贵的意见和建议。感谢我的研究生符升迁、杨柳青青和南胜欢，她们对本书进行了多次认真仔细的校稿。感谢中山大学出版社的各位同事们，尤其是王天琪社长、金继伟编辑和黄浩佳编辑，没有你们无私的帮助就不会有本书的快速问世。

最后，特别感谢我的爱人王宇，她是我最忠实的"学生"。每次上课之前，我都会把书中的内容以及相关案例先给她讲一遍，讲完之后我们经常会为了某个知识点而争论一天甚至几天的时间，与她争论的过程也让我自己的思路越来越清晰。本书能顺利出版，与她的支持和帮助是分不开的。

本书的写作受到了我主持的两个国家自然科学基金项目（61772564、61202344）以及中山大学 2018 年本科教学质量工程项目建设（17000 – 18832607）的资助，在此一并表示感谢。

限于本人的学识和精力，本书还有很多不足之处，我将诚恳地吸取广大读者的批评与建议，争取在再版中弥补与提高。

武汇岳

广州，中山大学

2019 年 1 月 25 日

目　　录

第 1 部分　基本概念

第 1 章　人机交互的定义和历史 ……………………………………… 3

1.1　人机交互的定义 …………………………………………………… 3

　　1.1.1　人机交互 …………………………………………………… 3

　　1.1.2　人机界面 …………………………………………………… 3

1.2　人机交互模型 ……………………………………………………… 4

　　1.2.1　人机交互的简化模型 ……………………………………… 4

　　1.2.2　人机交互的心理学模型 …………………………………… 4

　　1.2.3　人机交互的信息流模型 …………………………………… 5

1.3　人机交互发展所经历的四个时代 ………………………………… 6

1.4　人机界面范式及交互隐喻 ………………………………………… 11

　　1.4.1　界面范式 …………………………………………………… 11

　　1.4.2　交互隐喻 …………………………………………………… 14

1.5　人机交互的变迁 …………………………………………………… 15

　　1.5.1　计算的变迁 ………………………………………………… 16

　　1.5.2　计算机功能的变迁 ………………………………………… 16

　　1.5.3　用户的变迁 ………………………………………………… 17

　　1.5.4　界面范式的变迁 …………………………………………… 17

　　1.5.5　小结 ………………………………………………………… 18

1.6　章节习题………………………………………………………………… 18

第2章 用户行为研究的意义和作用 ·········· 20

2.1 什么是科学研究方法 ··············· 20

2.2 行为科学研究的意义 ··············· 24

2.3 如何科学地观察和解释人机交互中的用户行为 ········· 27

2.4 用户行为研究的数据来源 ············· 29

2.5 章节习题 ···················· 33

第2部分 用户行为实验设计

第3章 用户行为研究实验方法 ··········· 37

3.1 简单实验 ···················· 37

3.1.1 什么是简单实验 ·············· 37

3.1.2 操纵自变量 ··············· 39

3.2 多组实验 ···················· 39

3.2.1 什么是多组实验 ·············· 39

3.2.2 多组实验的数据分析 ··········· 39

3.3 因子实验 ···················· 40

3.3.1 什么是因子实验 ·············· 40

3.3.2 因子实验的数据分析 ··········· 40

3.4 章节习题 ···················· 41

第4章 用户行为研究实验流程 ··········· 42

4.1 明确研究问题及实验假设 ············· 42

4.2 设定实验任务并配置实验环境 ··········· 42

4.3 评估潜在的伦理问题并征得被试的知情同意 ······ 43

4.4 预实验 ····················· 43

4.5 准备实验脚本 ·················· 44

4.6　发布实验信息并招聘被试 ……………………………………… 45

4.7　运行实验 …………………………………………………………… 45

4.8　分析实验结果并完成实验研究 ………………………………… 45

4.9　重复以上步骤 …………………………………………………… 46

4.10　报告实验结果 ………………………………………………… 46

4.11　章节习题 ………………………………………………………… 47

第5章　用户行为研究实验准备 ……………………………………… 48

5.1　文献阅读 …………………………………………………………… 48

5.2　实验设备、材料、设计和预实验 ……………………………… 49

　　5.2.1　实验设备 …………………………………………………… 49

　　5.2.2　测试室 ……………………………………………………… 51

　　5.2.3　因变量的测量 ……………………………………………… 51

　　5.2.4　收集好数据并准备分析 …………………………………… 53

　　5.2.5　使用预实验的数据进行前期分析 ……………………… 55

5.3　招募被试 …………………………………………………………… 56

　　5.3.1　术语：Participants 还是 Subjects? ……………………… 56

　　5.3.2　招募被试 …………………………………………………… 56

　　5.3.3　受试群体 …………………………………………………… 58

5.4　伦理审查 …………………………………………………………… 59

5.5　章节习题 …………………………………………………………… 60

第6章　用户行为研究实验实施 ……………………………………… 61

6.1　实验前准备 ………………………………………………………… 61

　　6.1.1　实验环境的布置 …………………………………………… 61

　　6.1.2　与被试的联系 ……………………………………………… 62

6.2 主实验 ··· 62

 6.2.1 迎接被试 ·· 62

 6.2.2 与被试交谈 ·· 63

 6.2.3 总结实验 ·· 63

 6.2.4 其他要注意的问题 ······································ 64

6.3 章节习题 ··· 66

第 3 部分　用户行为实验数据分析

第 7 章　统计学基础 ·· 69

7.1 什么是统计学 ·· 69

7.2 总体与样本 ··· 69

7.3 变量与数据 ··· 70

7.4 变量的类型 ··· 71

7.5 均值与中位数 ·· 72

7.6 样本的变异性 ·· 73

7.7 样本的自由度 ·· 74

7.8 方差与标准差 ·· 75

7.9 Z 分数 ·· 77

7.10 概率 ··· 79

7.11 概率分布 ·· 79

7.12 描述性统计与推论性统计 ······································ 81

7.13 抽样误差 ·· 81

7.14 章节习题 ·· 82

第 8 章　假设检验 ·· 83

8.1 什么是假设检验 ··· 83

8.2 假设检验的逻辑和基本步骤 ·················· 83

8.3 假设检验的不确定性和常见的错误类型 ·············· 87

8.4 假设检验的方向性 ······················ 88

8.5 正确认识统计中的 p 值 ··················· 89

8.6 正态性检验 ························· 92

    8.6.1 基本概念 ······················ 92

    8.6.2 例题及统计分析 ···················· 92

8.7 Z 检验的基本假定 ······················ 95

8.8 假设检验的效应大小 ····················· 96

8.9 假设检验的统计效能 ····················· 97

8.10 章节习题 ························· 97

第 9 章 实验效度 ·························· 99

9.1 实验效度的定义 ······················· 99

    9.1.1 内部效度 ······················ 99

    9.1.2 外部效度 ······················ 101

    9.1.3 构造效度 ······················ 102

    9.1.4 表面效度 ······················ 102

9.2 实验效度的风险 ······················· 102

    9.2.1 内部效度风险 ····················· 102

    9.2.2 外部效度风险 ····················· 106

9.3 章节习题 ························· 107

第 10 章 t 检验 ························· 109

10.1 单样本 t 检验 ······················ 109

    10.1.1 基本概念 ······················ 109

    10.1.2 例题及统计分析 ···················· 110

10.2 两组配对样本比较 t 检验 ⋯⋯⋯⋯⋯⋯⋯⋯⋯⋯⋯ 112

   10.2.1 基本概念 ⋯⋯⋯⋯⋯⋯⋯⋯⋯⋯⋯⋯⋯⋯⋯ 112

   10.2.2 例题及统计分析 ⋯⋯⋯⋯⋯⋯⋯⋯⋯⋯⋯⋯ 113

10.3 两组独立样本比较 t 检验 ⋯⋯⋯⋯⋯⋯⋯⋯⋯⋯⋯ 115

   10.3.1 基本概念 ⋯⋯⋯⋯⋯⋯⋯⋯⋯⋯⋯⋯⋯⋯⋯ 115

   10.3.2 例题及统计分析 ⋯⋯⋯⋯⋯⋯⋯⋯⋯⋯⋯⋯ 116

10.4 汇报 t 检验的结果 ⋯⋯⋯⋯⋯⋯⋯⋯⋯⋯⋯⋯⋯ 120

10.5 t 检验中效应大小的度量 ⋯⋯⋯⋯⋯⋯⋯⋯⋯⋯⋯ 120

10.6 章节习题 ⋯⋯⋯⋯⋯⋯⋯⋯⋯⋯⋯⋯⋯⋯⋯⋯⋯ 121

第 11 章　方差分析 ⋯⋯⋯⋯⋯⋯⋯⋯⋯⋯⋯⋯⋯⋯⋯ 123

11.1 单因素方差分析 ⋯⋯⋯⋯⋯⋯⋯⋯⋯⋯⋯⋯⋯⋯ 123

   11.1.1 基本概念 ⋯⋯⋯⋯⋯⋯⋯⋯⋯⋯⋯⋯⋯⋯⋯ 123

   11.1.2 独立测量方差分析例题及统计分析 ⋯⋯⋯⋯ 124

   11.1.3 重复测量方差分析例题及统计分析 ⋯⋯⋯⋯ 130

11.2 双因素方差分析 ⋯⋯⋯⋯⋯⋯⋯⋯⋯⋯⋯⋯⋯⋯ 131

   11.2.1 基本概念 ⋯⋯⋯⋯⋯⋯⋯⋯⋯⋯⋯⋯⋯⋯⋯ 131

   11.2.2 例题及统计分析 ⋯⋯⋯⋯⋯⋯⋯⋯⋯⋯⋯⋯ 132

11.3 章节习题 ⋯⋯⋯⋯⋯⋯⋯⋯⋯⋯⋯⋯⋯⋯⋯⋯⋯ 140

第 12 章　秩和检验 ⋯⋯⋯⋯⋯⋯⋯⋯⋯⋯⋯⋯⋯⋯⋯ 143

12.1 两组独立样本比较的秩和检验 ⋯⋯⋯⋯⋯⋯⋯⋯ 143

   12.1.1 基本概念 ⋯⋯⋯⋯⋯⋯⋯⋯⋯⋯⋯⋯⋯⋯⋯ 143

   12.1.2 例题及统计分析 ⋯⋯⋯⋯⋯⋯⋯⋯⋯⋯⋯⋯ 144

12.2 两组配对样本比较的秩和检验 ⋯⋯⋯⋯⋯⋯⋯⋯ 147

   12.2.1 基本概念 ⋯⋯⋯⋯⋯⋯⋯⋯⋯⋯⋯⋯⋯⋯⋯ 147

   12.2.2 例题及统计分析 ⋯⋯⋯⋯⋯⋯⋯⋯⋯⋯⋯⋯ 147

12.3　多组独立样本比较的秩和检验 ······························· 150

　　12.3.1　基本概念 ··· 150

　　12.3.2　例题及统计分析 ······································· 151

12.4　多组相关样本比较的秩和检验 ······························· 157

　　12.4.1　基本概念 ··· 157

　　12.4.2　例题及统计分析 ······································· 157

12.5　章节习题 ··· 161

第13章　卡方检验 ··· 163

13.1　卡方拟合度检验 ··· 163

　　13.1.1　基本概念 ··· 163

　　13.1.2　例题及统计分析 ······································· 163

13.2　卡方独立性检验 ··· 168

　　13.2.1　基本概念 ··· 168

　　13.2.2　四格表卡方检验例题及统计分析 ····················· 168

　　13.2.3　配对四格表卡方检验例题及统计分析 ················· 176

　　13.2.4　R×C 行列表卡方检验例题及统计分析 ··············· 180

13.3　Kappa 一致性检验 ··· 187

13.4　章节习题 ··· 192

第14章　相关分析 ··· 195

14.1　简单相关分析 ··· 195

　　14.1.1　基本概念 ··· 195

　　14.1.2　例题及统计分析 ······································· 196

14.2　偏相关分析 ··· 201

　　14.2.1　基本概念 ··· 201

　　14.2.2　例题及统计分析 ······································· 201

14.3　章节习题 …………………………………………………… 204

第 15 章　线性回归 …………………………………………… 206

15.1　简单线性回归 ……………………………………………… 206

15.1.1　基本概念 ……………………………………………… 206

15.1.2　例题及统计分析 …………………………………… 207

15.2　多重线性回归 ……………………………………………… 210

15.2.1　基本概念 ……………………………………………… 210

15.2.2　例题及统计分析 …………………………………… 211

15.3　章节习题 …………………………………………………… 220

第 16 章　用户行为研究实验总结 ………………………… 222

16.1　数据的保存、备份和隐私 ……………………………… 222

16.2　数据的分析 ………………………………………………… 222

16.3　数据的展示 ………………………………………………… 223

16.4　研究结果的交流和传播 ………………………………… 224

16.5　章节习题 …………………………………………………… 225

习题答案 ……………………………………………………………… 227

参考文献 ……………………………………………………………… 290

第 **1** 部分

基本概念

第1章　人机交互的定义和历史

1.1　人机交互的定义

1.1.1　人机交互

人机交互（Human-Computer Interaction，或者 Human-Machine Interaction，简称 HCI 或者 HMI）是一门研究人（或者称为用户）与具有计算能力的系统之间的交互关系的交叉性学科，涉及系统的设计、实施、评估和其相关的主要现象。

国际计算机学会（Association for Computing Machinery，ACM）在1992年给出的人机交互的定义为："Human-computer interaction is a discipline concerned with the design, evaluation and implementation of interactive computing systems for human use and with the study of major phenomena surrounding them"。

需要注意的是，人机交互中的"机"泛指一切具有计算能力的机器，例如可以是我们平时所熟悉的个人计算机（Personal Computer，PC），也可以是电视机、游戏机、收音机、空调，甚至是飞机、汽车等计算机化的系统或设备。

1.1.2　人机界面

人机界面（Human-Computer Interface）是有效连接人机互动的媒介，用户通过人机界面与计算系统进行交流和互动。人机界面可以是硬件界面，例如鼠标、键盘、仪表盘等，也可以是软件界面，例如 Word、PowerPoint等各种各样的应用程序（Application，App）。对用户来说，人机界面可以是可见或可触摸的，例如基于手机或 Microsoft 的 Surface 等设计的多点触控界面（Multi-Touch Based Interfaces），也可以是不可见的，但是可听、可闻的，例如基于语音识别的用户界面（Voice-Based Interfaces）或基于气味的用户界面（Scent-Based Interfaces）等等。

1.2 人机交互模型

1.2.1 人机交互的简化模型

图 1.1 为人机交互的简化模型。从图 1.1 可以看出，左侧的人和右侧的计算机在交互的过程中形成了一个闭环，左侧的人通过特定的输入设备向右侧的计算机输入信息，右侧的计算机对输入信息进行一定的处理和加工，然后通过特定的输出设备将结果反馈给左侧的人。左侧的人根据接收到计算机反馈回来的信息，判断是否要进行下一步的任务或者操作。如此循环，形成一个封闭的环。

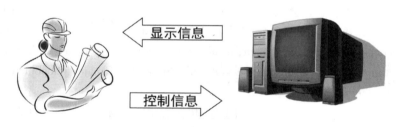

图 1.1 人机交互的简化模型

1.2.2 人机交互的心理学模型

人机交互发展到今天，主要借助于占主流地位的图形用户界面进行人机互动，因此将图 1.1 的模型进行细化，可以得到如图 1.2 所示的人机交互心理学模型。

目前，图形用户界面是人机交互的主要媒介，用户手动操作鼠标或者键盘，通过指点或者击键的方式向计算机系统输入信息。计算机系统接收到信息之后进行处理，并通过界面上的窗口、图标、菜单等载体向用户反

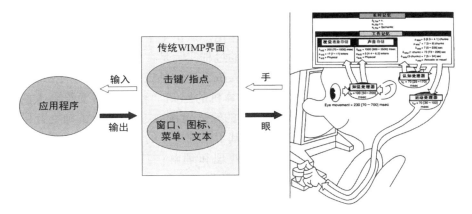

图 1.2 人机交互的心理学模型

馈和输出文本、图形、图像、音频、视频、动画等不同形式的多媒体内容。用户通过眼看、耳听等不同的通道，感知计算机输出的信息，并在大脑中进行信息加工和处理。

1.2.3 人机交互的信息流模型

从信息的流动角度出发，图 1.3 给出了人机交互的信息处理模型。

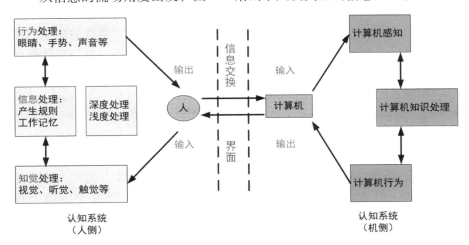

图 1.3 人机交互的信息处理模型

在人机信息交流的过程中，左侧的人和右侧的计算机构成两个独立的认知主体，而人机界面则充当媒介的作用。从仿生学的角度来讲，右侧的计算机的信息感知、认知和加工处理的过程实际是在模拟左侧的人对信息的感知、认知和加工处理过程。这个人机交互信息流模型可以用来指导人机交互系统和界面的设计。首先，计算机的感知（输入）需要符合人的行为习惯，例如系统有能力对于用户的输入意图（包括基于精确交互的键盘和鼠标等显性的输入信息，以及基于模糊交互的语音、手势和面部表情等隐性的输入信息）进行有效地处理和理解；其次，计算机的行为（输出）需要符合人的知觉特点，比如数据或信息的可视化输出、页面的布局、色彩的搭配、信息架构的设计等等；最后，计算机的知识处理需要减轻人的认知负荷，例如计算机内部的机器学习和大数据推理等，可以体现在界面的个性化定制和信息的自动过滤及推荐等等。

1.3 人机交互发展所经历的四个时代

数字计算机的概念早在 18 世纪的时候就被提出来，然而直到 20 世纪 40 年代在技术上才成为现实。

早期的计算机以模拟计算为主。Mark I（自动顺序控制计算机）于 1943 年 1 月在美国研制成功，被用来为美国海军计算弹道火力表。

1943 年 12 月，阿兰·图灵（Alan Turing）参与设计制造的最早的可编程计算机 Colossus 在英国推出，目的是破译德军的密码，其每秒能翻译大约 5000 个字符。

而世界上第一台真正意义上的数字电子计算机 ENIAC（Electronic Numerical Integrator And Computer）则开始研制于 1943 年（图1.4），完成于 1946 年 2 月 15 日，负责人是 John W. Mauchly 和 J. Presper Eckert。

这台计算机占地面积 170 平方米（约相当于 10 间普通房间的大小），有 30 个操作台，重达 30 吨，耗电量 150 千瓦，造价 48 万美元，总共使用了 18000 个电子管、70000 个电阻、10000 个电容、1500 个继电器和 6000 多个开关。从计算能力上讲，它每秒钟能执行 5000 次加法或 400 次乘法，是继电器计算机的 1000 倍、手工计算的 20 万倍，主要用于弹道轨迹的计算和氢弹的研制。

图 1.4　世界上真正意义上的第一台数字电子计算机 ENIAC

有了第一台电子计算机，随之便开始有了人机交互。因此，人机交互的发展历史也是计算机的发展历史。从第一台计算机发明迄今为止，整个人机交互的发展大致经历了 4 个不同的时代，如图 1.5 所示。

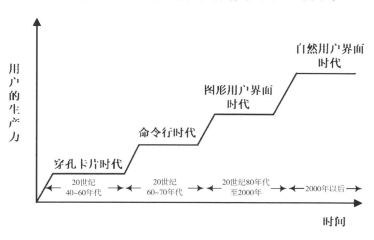

图 1.5　人机交互发展至今所经历的 4 个不同的时代

（1）穿孔卡片时代

第一个时代介于20世纪40年代到60年代后期，被称之为穿孔卡片时代。在那个时代，人机交互还处于最原始阶段，采用打卡机输入输出的方式，如图1.6所示。

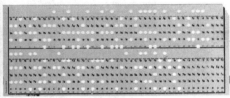

图1.6　穿孔卡片机及穿孔卡片

在穿孔卡片时代，以手工作业为主，信息被记载在穿孔卡片上然后批量地向计算机输入，计算机处理完之后便以字符终端结合指示灯的方式向用户输出结果。在计算机输出最终结果之前，用户不能中断计算机的操作进行其他任何形式的输入，因此这种方式也被称为批处理方式。

（2）命令行时代

从上述分析可以看出，穿孔卡片时代人机交互的效率极其低下。因此，从20世纪60年代后期到70年代，输入设备从打卡机进化到了键盘，计算机屏幕作为一种输出设备也随之出现。这时候，用户可以通过字符命令行与计算机进行交互。计算机也开始有了操作系统，例如Unix和Dos系统。如图1.7所示就是一个Dos的命令行用户界面。

在Dos命令行用户界面下，用户通过键盘向计算机输入Dos命令，计算机通过屏幕向用户反馈字符形式的结果。这种交互界面具有命令行输入、指令运行、单线程架构等特点，虽然较穿孔卡片那种批处理方式的交互技术有了一定的进步，但是用户的交互体验仍然很差。比如，用户想要把一个文件"123. txt"从D盘的"My Document"文件夹底下拷贝到E盘的"Project Document"文件夹底下，必须利用键盘手工地在屏幕上敲入一连串的Dos命令："copy C：\ My Document \ 123. txt D：\ Project Document"，

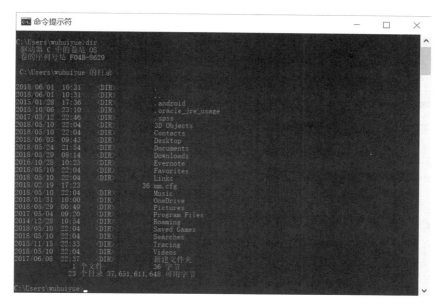

图 1.7　Dos 命令行界面

然后按键盘上的"Enter"键执行这条 Dos 命令。执行完了这条命令后，用户还是看不到 D 盘上被拷贝过去的那个文件，因此还必须进入 D 盘的"Project Document"目录下，再使用"dir"命令显示一下最终的执行结果。由此可见，Dos 命令行的人机交互效率也是十分低下的，尤其是 Dos 命令非常多，对专业的程序员来说是一个非常大的负担。通常，程序员只能记住一些常用的命令，如果需要使用其他一些不常用的命令，就必须查阅工具书，在相关的 Dos 命令集中找到对应的命令。

（3）图形用户界面时代

到了 20 世纪 70 年代末 80 年代初，人机交互开始进入一个崭新的图形用户界面时代，如图 1.8 所示。这个时代与 Dos 命令行时代相比，用户除了可以利用键盘输入字符之外，还可以利用鼠标直接在界面上进行指点、选择和拖动等各种操作，大大提高了用户的交互效率。例如，同样是将一个文件"123. txt"从 D 盘的"My Document"文件夹底下拷贝到 E 盘的"Project Document"文件夹底下，用户不再需要像在 Dos 界面那样输入一系列的 Dos 命令，而可以在 Windows 资源管理器中利用鼠标将该文件直接拖动到相应的目录中。因此这个时代的人机交互特点是"所见即所得（What you see is what you get，WYSIWYG）"。

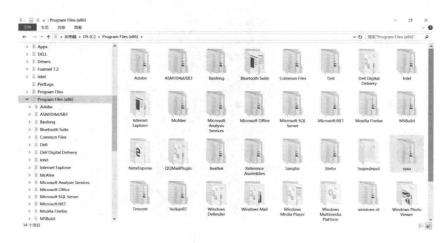

图 1.8　图形用户界面

　　与 Dos 命令行时代只能输出命令行字符相比，图形用户界面可以给用户输出多样化的结果，例如文本、图形、图像、音频、视频或者动画等丰富的多媒体内容。

　　（4）自然用户界面时代

　　尽管从 20 世纪 80 年代开始，图形用户界面就占据了主流的地位并且一直流行至今，但是图形用户界面仍然有其自身的缺陷。在现实生活的 3D 物理空间中，人跟人之间进行信息交流时可以综合利用视觉、听觉、味觉、嗅觉和触觉 5 种感知通道，其中利用视觉通道进行处理的信息占 83%，利用听觉通道进行处理的信息占 11%，其余三种感知通道进行处理的信息占 6%。而在图形用户界面时代计算机所提供的 2D 信息空间中，人机交互则只能利用鼠标、键盘等设备输入文本或字符信息，然后通过计算机屏幕获取视觉输出信息或者通过音箱等获取听觉信息，这种交互方式下无法有效利用人类的其他感知通道，不但生产力非常低下，3D 物理空间到 2D 信息空间映射过程中交互维度的缺失和信息的不对称也给用户带来很大的认知负载。

2000 年以后，不断有新的用户界面和交互技术被提出来，例如基于视觉的用户界面（Vision-Based Interfaces）、基于语音的用户界面（Voice-Based Interfaces）、基于触觉的用户界面（Multi-Touch Based Interfaces）、基于嗅觉的用户界面（Scent-Based Interfaces）和基于实物的用户界面（Tangible User Interfaces）等等。这些用户界面可以统称为自然用户界面（Natural User Interfaces）。自然用户界面的主要目标是使得人－机交互可以像人－人交流那样自然无约束（如图 1.9 所示）。

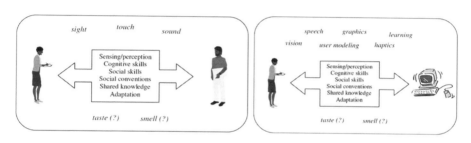

图 1.9　自然人机界面

1.4　人机界面范式及交互隐喻

1.4.1　界面范式

范式（Paradigm）指的是里程碑式的理论框架或科学世界观，例如物理学中的亚里士多德时代、牛顿时代、爱因斯坦时代等都曾经出现过很多影响深远的理论范式。对人机交互历史的理解，可以通过对人机界面范式（Interface Paradigm）变迁的认识来完成。

通过前面的分析，人机交互发展历史可以分为 4 个不同的时代。根据这 4 个不同时代的交互特征，可以总结出人机界面范式的变化，如表 1.1 所示。

表 1.1　人机界面的范式演化

时间	用户界面	范式
20 世纪 40 ～ 60 年代	穿孔卡片 （Punch cards）	无 （None）
20 世纪 70 年代	命令行 （Command-line interfaces）	打字机 （Typewriter）
20 世纪 80 年代到 2000 年	图形用户界面 （Graphical user interfaces）	WIMP 范式
2000 年以后	自然用户界面 （Natural user interfaces）	Post-WIMP/Non-WIMP 范式

表 1.1 中，WIMP 范式中的 W、I、M 和 P 分别指的是窗体（Window）、图标（Icon）、菜单（Menu）和指点设备（Pointing Device），指点设备通常指代鼠标，如图 1.10 所示。

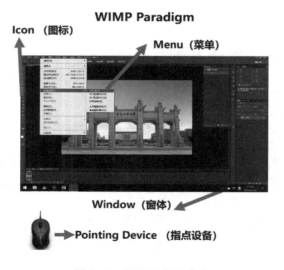

图 1.10　WIMP 界面范式

尽管 WIMP 范式从 20 世纪 80 年代开始就占据了主流地位，但是 WIMP 范式却存在一些问题。例如：

（1）WIMP 界面范式以"桌面"为隐喻，制约了人与计算机的交互，成为信息流动的瓶颈；

（2）多媒体技术的引入只是拓宽了计算机的输出带宽，但用户到计算机的通信带宽并没提高；

（3）WIMP 界面采用顺序的"Ping-Pang"对话模式，仅支持精确和离散的输入，不能处理同步操作，不能利用听觉和触觉；

（4）WIMP 界面无法适应以虚拟现实为代表的计算机系统的拟人化和以掌上计算机为代表的移动计算。

因此，很多研究人员认为，WIMP 界面削弱了人机交互中人的角色，无法有效拓宽人机交互的带宽，就好比是一个人被堵上了嘴巴、封住了耳朵、蒙上了一只眼睛并且只能用手指头进行交互（如图 1.11 所示）。

图 1.11　WIMP 范式存在的主要问题

在从图形用户界面向自然用户界面进化的过程中，界面范式也从传统的 WIMP 向 Post-WIMP 甚至是 Non-WIMP 转变。从 20 世纪 80 年代开始，基于 WIMP 范式的图形用户界面就一直占据着主流地位，由于用户已经熟悉了这种界面范式，因此在向自然用户界面进化的过程中，Post-WIMP 范式起到了一个过渡的作用，Post-WIMP 范式也被称为"后 WIMP 范式"。

与传统的 WIMP 范式相比，Post-WIMP 范式是指用户界面中至少包含了一项不同于 Window、Icon、Menu 或者 Pointing Device（例如鼠标）的界面元素。比如现在流行的视觉手势交互，用户可以不用鼠标键盘而直接使用各种不同的静态手势（Static Gesture）或者动态手势（Dynamic Gesture）与计算系统自然地交互。在未来的普适计算（Pervasive Computing）环境下，当人机交互真正进化到自然用户界面时代，那么界面范式将成为 Non-WIMP 范式，也就是说，WIMP 中的四大界面元素都将消失，界面将变得透明。到了那个时候，计算机将不再是被动地接收用户输入命令，而是能看、能听、能说、会思考，能够主动地感知用户的意图和行为，真正实现自然人机交互。

1.4.2　交互隐喻

为了降低学习门槛、减轻用户的认知负载，使得用户能够将他们在 3D 物理空间中养成的心智模型（Mental Model）和交互习惯容易地应用到计算机所提供的 2D 信息空间中，人机交互大量使用了交互隐喻（Interactive Metaphor）的方式。比如桌面隐喻（Desktop Metaphor）就是模拟了人们在现实的物理空间中工作的桌面，如图 1.12 所示。

在图 1.12 中，（a）是物理空间中人们的工作桌面；（b）是 20 世纪 90 年代 General Magic 的 Magic Cap 界面，主要应用于索尼和摩托罗拉的产品中，它是一个标准的全局隐喻设计，界面中所有的导航及大多数其他的交互元素都应用了空间隐喻和物理隐喻；（c）是现在的主流产品 Window 10 的桌面。

从图 1.12（a）可以看出，在物理世界中人们的工作桌面上摆放了各种各样的文件，文件多了的话会使用文件夹将其归类收拢，文件放置久了不用了则会将其丢弃在旁边的垃圾箱内。而计算机为了使用户能够使用他们在物理空间中所熟悉的交互模式进行工作，便将这种工作模式以隐喻的方式体现在信息空间的界面设计中，将物理桌面映射为系统桌面（Desktop），将物理文件映射为不同格式的数字文件（File），将物理文件夹映射为系统文件夹（Folder），将物理垃圾箱映射为系统垃圾箱/回收站（Recycle Bin）。

14

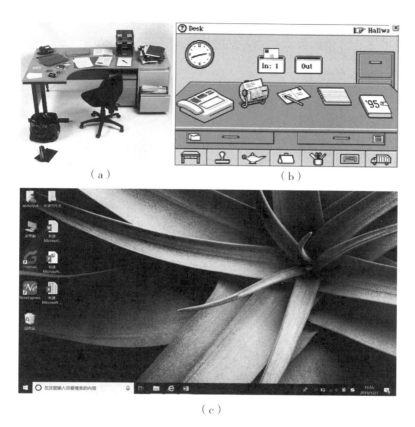

（a） （b）

（c）

图1.12 桌面隐喻

诸如此类的交互隐喻还有很多，比如在 Adobe 的图像处理软件 Photo-shop 中的橡皮擦隐喻、磁性套索隐喻、工具箱隐喻、画笔隐喻等等。这些交互隐喻的使用大大降低了用户的认知负载，使用户以熟悉的方式在 2D 信息空间中高效地从事各种交互任务。

1.5 人机交互的变迁

综上所述，从世界上第一台电子计算机发明以来，人机交互经历了4

个不同的时代，下面从计算能力、计算机功能和用户以及界面范式等几个不同角度来全方位地分析总结不同时代之间的变迁过程。

1.5.1　计算的变迁

第一代被称为主机时代（Mainframe Era），在那个时代，计算机非常庞大，有很多个控制台终端，很多人共享一台计算机并完成既定的交互任务。

第二代被称为个人计算机时代或 PC 时代。相比于主机时代，计算机的体积变得小的多，每个用户可以独立使用一台计算机完成自己的目标任务。

第三代被称为移动计算时代（Mobile Computing Era）。用户可以使用手机或平板电脑等便携式设备进行移动办公。

第四代被称为普适计算时代（Pervasive Computing Era）或者称为无处不在计算时代（Ubiquitous Computing Era）。在这个时代，一个人可以同时操控多台具有计算能力的设备（包括计算机、手机、平板电脑等等）。

这个变迁的过程可以从图 1.13 中体现出来。

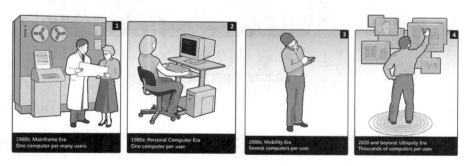

图 1.13　计算的变迁

1.5.2　计算机功能的变迁

在主机时代，计算机主要是作为专业的计算工具，用来进行科学计

16

算，例如在军事领域计算导弹的轨迹等等。

在 PC 时代，计算机的角色是作为办公用品，主要用于跟办公相关的文字处理和数据处理等等。

在移动计算时代，计算机变得小型化和便携化，能够随时随地上网并为用户提供各种服务。

在普适计算时代，计算机成为我们的生活必需品，主要功能用于信息服务、内容的制作、多媒体的展示和传播以及生活娱乐等等。

1.5.3　用户的变迁

在主机时代，只有接受过计算机专业训练的专业人士才有能力使用计算机。

到了 PC 时代，对用户的专业背景和操作技能的要求就大大降低，只要是接受过初等教育、懂一些计算机方面的专业术语并且懂一些英语能够看懂系统的菜单的用户，经过一定的学习和训练就能够熟练使用计算机。

在移动计算时代，用户从办公室中解放出来，可以在任何时间、任何地点访问计算机并享受计算机提供的服务，生活和工作变得更加轻松和高效。

在未来的普适计算时代，即便是不懂英语、没有接受过专业计算机技能训练、不懂计算机术语的普通用户也都能够使用计算机，人机交互对普通用户来说变得毫无门槛，普通用户无需掌握鼠标、键盘或其他专业的输入输出设备，只需要利用在物理空间中养成的人－人交流那种熟悉的交互模式（如语音、手势、目光和表情等），就能够自然、自由地进行人机交互。

1.5.4　界面范式的变迁

从世界上第一台计算机发明至今，人机交互已经走过了 70 多个年头。这 70 多年的时间里，界面范式也在不断地发生着改变。在 20 世纪 40 年代到 60 年代期间，人机交互主要采用以穿孔卡片为主的交互方式，那时候还谈不上什么用户界面范式；到 70 年代以后，人机交互进入以 Dos 命令行界面为主的时代。在 Dos 命令行时代，由于没有鼠标，所有的命令和操作都是由用户通过键盘的方式进行字符输入，因此那个时代的典型界面范式可被称为打字机范式；直到 80 年代以后，随着图形用户界面、鼠标和所见即所得的直接操纵技术的不断发展，人机交互进入了一个崭新的时代，这个时代一直持续至今，维持了大约 40 多年的时间。在图形用户界面时代，几乎所有的软件界面都是遵循 WIMP 的范式设计出来的。在人机交互时，用户可以通过鼠标在计算机所提供的 Window、Icon 和 Menu 等界面元素上进行直接操作，而操作的结果也可以直接在图形用户界面中得到直接反馈。尽管图形用户界面和 WIMP 的界面范式大大提高了用户的操作效率，但是却受到了越来越多的诟病，WIMP 范式被指责并非最自然的界面交互范式。2000 年以后，学术和工业界越来越认识到自然用户界面和 Post-WIMP 甚至是 Non-WIMP 界面范式的重要性，也有越来越多的自然交互技术和自然用户界面出现，比如基于视觉的用户界面（Vision-Based Interfaces）、基于语音的用户界面（Voice-Based Interfaces）、基于触觉的用户界面（Touch-Based Interfaces）以及基于实物的用户界面（Tangible-Based Interfaces）等新的用户界面形态和界面范式。人机交互范式也朝着越来越简单、越来越自然的方向发展。

1.5.5　小结

总的来说，上述这些变迁意味着传统的"以计算为中心"已经悄然转变为"以人为本"。在传统的人机交互模式下，用户必须苦学专业的计算机知识，而现如今已经转变为计算机能够主动地适应用户，计算机将变成人类的高级仆人甚至是变成用户的知己和心灵伴侣。届时，计算机不再以一种低级的方式要求用户精确地输入命令，而是能够主动地"察言观色"，感知用户的交互意图、命令甚至情感，并智能地提供用户所需要的各种服务，在合适的时间和场合之下以合适的形式给用户提供合理的内容，做到雪中送炭。

1.6　章节习题

1. 人机交互的定义是什么？

2．人机界面定义是什么？举例说明。

3．简单描述人机交互过程。

4．人机交互的信息流模型有何指导作用？

5．人机交互发展所经历的四个时代。

6．图形用户界面相对于命令行界面有何优势？

7．自然用户界面有什么优势？

8．界面范式是什么？

9．WIMP 界面范式有什么缺陷？

10．WIMP 界面范式的发展趋势。

11．什么是交互隐喻？

12．简述计算机功能的变迁以及相应用户的变迁。

第2章 用户行为研究的意义和作用

2.1 什么是科学研究方法

所谓科学研究方法，指的是用公正无偏见的观察来检验或形成信仰。当前，很多心理学家、行为科学家都热衷于将科学研究方法作为一种有效的工具来寻求重要问题的解决答案。那么，是什么导致众多研究人员将科学研究方法视为一种强有力的工具并运用于实际应用中解决重要的问题？这是因为科学具备以下9个重要的特征：

- 发现一般规律
- 收集客观证据
- 可测试性
- 明确的假设
- 怀疑的精神
- 开放的态度
- 富于创新的精神
- 分享研究发现和成果
- 多产的成果

下面我们依次解释这9大特征：

（1）发现一般规律

就像刑事侦探确信罪犯是有动机的一样，科学家们也是非常坚定地认为事情的发生总是有原因的。并且，科学家们一直乐观地认为他们能够发现事物的一般规律并以此为基础更好地认识大千世界。也正因为如此，科学家们才总是试图根据一些简单直观的规则来解释看上去非常复杂和难以理解的事件，他们希望发现隐藏在事件背后的深层次原因，并通过建立好的鲁棒的模型，以此为基础预测此类事件的再度发生。因此，科学研究的目的不是使世界变得越来越复杂，越来越不可理解，相反地，科学的最终目标是通过发现一些简单的、可描述的规则或者可预测的逻辑行为，从而使世界变得越来越容易理解。

（2）收集客观证据

一般来讲，人们都期望能够以一种简单的可预测的方式来认识大千世界，想象着这个世界到处都充满了一定的规则和模式能够帮助人们感知和认知事物。比如，很多公司在面试的时候经常会以貌取人，喜欢招收一些长得好看的人，但是当工作了一段时间之后才发现，长得好看并不意味着有较强的工作能力，一部分仅凭外貌好看而招进来的员工的工作能力上根本不行。

因此，在人类社会经历了几千年的发展之后，科学家们已经有足够的证据坚信，我们不能总是毫无条件地接受人们的主观意见，而需要进一步收集客观证据。例如，某些内科医生曾经一度认为切除掉患者的前脑叶白质之后会使病人的病症在一定程度上得到改善。为了证明这一观点的正确性，有的外科医生甚至还发表了一些报告说明到底有多少这样的病人被治愈并出院了，然后又有多少这样的病人经过治疗之后情况明显好转且也出院了。但是，病人病情好转而出院这种类型的数据并不能完全反映出病人病情的实际观察和改善情况，而仅仅反映了外科医生的主观判断。比如，病人离开医院可能是为了支付高额的医疗费而去找工作了。

不幸的是，在日常生活中很多人都会以这样的主观判断来行事，这些人都忽略了一个基本的事实，那就是主观判断通常会带有偏见。为了避免被带有偏见的主观判断影响我们的决策，科学家们推崇收集足够的、具体的、可观察的、强有力的证据来证实事情本身，尤其是那些客观的、独立的证据和事实，这些证据和事实并不依赖于某些科学家的言论或者个人的观点而成立。

（3）可测试性

科学家们经常会产生怀疑，因此他们总是喜欢做实验，通过实验收集更多的证据，而实验的结果可能会支持他们的假设，也可能会拒绝他们的假设。不过，即便这样，实验也是必须的步骤。中国有句老话叫"不入虎穴，焉得虎子"，著名心理学家 Bob Zajonc 也曾经说"如果研究人员没有冒险的勇气和胆量，那他就不会做出有趣的实验结果"。科学的主要目标之一就是识别神话、迷信以及错误的信仰。为了鉴别哪些是常识、哪些是无稽之谈，我们不得不把一些普遍存在的社会观点拿来做测试和测验。科学研究的另一个主要好处就是科学家们可以在错误中学习和不断成长。作为一个科学家，他/她不必期望从一开始就能够给出准确无误的结论，而是需要通过设定一些可供测试的声明或假设，然后去证实或者证伪这些声明或假设。这也是本书在很多章节中一直强调的实验假设的重要性。设定一个可供测试的假设或声明的主要目的是要把科学家或者研究人员放到一个这样的位置上：一旦你出错了，那么你愿意承认这个错误并从中学习教训。通常，这个假设检验的过程会有很多个来回，一遍又一遍地尝试，然后一遍又一遍地发现假设检验中的错误。

（4）明确的假设

在用户行为实验研究中，不能设置模糊的假设，因为这类假设是无法被测试检验的。比如，一个研究人员认为手势交互是一种好的交互方式，但是他/她并没有准确地定义什么是"好"的交互方式。因此，不管这个研究人员得出什么样的实验结果，他/她都可以下结论说手势确实是一种好的交互方式。其实一些民间的占星家就经常使用这种鬼伎俩来蒙蔽世人，比如他会说"今天你要注意不要接触到坏人，否则厄运就会接踵而至"。这句话其实等于什么都没说，他/她什么线索都没有提供给你。如果真的遇到麻烦了，占星家就会说"看吧，你今天碰到坏人了"；但如果没有遇到麻烦，占星家就会说"你今天遇到的都是好人"。

因此，在用户行为科学研究中，研究人员应该给出明确的、具体的假设和待验证的实验目标。

（5）怀疑的精神

科学家们即便是在面对已经显而易见的问题时，也经常会保持怀疑的态度。最经典的例子就是伽利略的自由落体实验。在一个被世人广泛认可的"事实"面前，伽利略不为所动，而是利用比萨斜塔实验证明了在不受任何阻力的情况之下，重的物体跟轻的物体降落速度是一样的。如果伽利略没有怀疑精神，而是顺理成章地接受了所谓的"真理"或者被普世认可的"事实"，那么他就不会有此重大的科学发现。

（6）开放的态度

除了对任何事物都保持怀疑精神外，科学家还应该保持一种开放的态度。对一些新的主意（Idea）或是有时候看起来哪怕是一些奇怪的想法，甚至有些时候遇到的一些与已有的知识体系相冲突的概念，都不应随意地、武断地认为那些都是无稽之谈、没有意义而不去认真地验证。相反，人类千百年来进化的历史充分说明，正是因为科学家们愿意接受一些新奇古怪的想法才会不断地创新。

（7）富于创新的精神

想要验证一些试图打破传统的新奇古怪的想法，科学家就必须具有富于创新的精神。需要指出的是，这里强调创新并非指每一个研究都是有意地使用创新的方法和发明创新的技术。实际上，历史上很多伟大的科学家例如达尔文、爱因斯坦和爱迪生等人，并未将他们那些伟大的发明和研究成果归功于自然创新能力，而是持之以恒的努力。正如爱因斯坦所说，"最重要的就是不要停止质疑"。

（8）分享研究发现和成果

科学的重要特征之一就是分享和交流，即将个人的研究成果（例如爱因斯坦）通过公开发表的形式加以传播以影响到更多的人，比如某些科学家会以技术报告、论文、专著或者会议口头报告等不同形式发表他们的研究成果，这样其他科学家就可以在前人的基础上复制或重复原始研究，少走很多弯路，接下来就可以"站在巨人的肩膀上"加以创新。

除此之外，通过分享和发表个人的成果，还可能会得到其他专业人士的意见和建议，或修正已有研究中的某些错误或不完善的地方，或提出百尺竿头更进一步的更好的想法和建议。而这些都是促进研究人员个人水平不断提高的必要条件和因素。

（9）多产的成果

幸运的是，很多科学家们都会主动发表个人的研究成果以供其他科学家和研究人员参考。因此，知识才得以不断地丰富，科学技术才得以快速地、不断地发展，很多科技成果才得以源源不断地被生产出来。

2.2　行为科学研究的意义

　　行为科学是建立在科学的基础之上的，是近年来快速发展的一个新的研究领域，其主要研究对象是人机交互中的用户行为。统计学则是行为科学研究的理论基础和重要组成部分，统计学知识是所有学习行为科学的学生或研究人员的必修内容。科学研究是一个复杂的系统，研究人员利用科学研究方法来收集用户行为数据。而统计学则是科学研究的一个有效工具，帮助研究人员利用统计方法从所收集的用户行为数据中提取合理的信息，提供给研究人员进行客观及系统的描述并能够科学地解释他们的研究结果。

　　下面我们给出行为科学研究的意义和作用：

　　（1）更好地理解用户心理

　　行为科学研究有助于研究人员深度理解人机交互中用户行为的方方面面，特别是隐藏在显性行为背后的隐式的心智模型（Mental Model），否则就很难解释为什么会在特定的情景和上下文状态之下用户会表现出某些特定的行为模式。为了让其他人信服实验假设以及实验结论是合理的，研究人员必须理解隐藏在表面事实的背后的那些基本逻辑和基本要素。

　　（2）更好地了解已有研究

　　如果某些研究解决了一些有趣的问题，研究人员就会很想模仿或者复制那些研究，然后在那些研究基础上继续深入研究和解决新的问题。为了能够了解其他人已有的研究成果，研究人员必须具备阅读和解释科学研究报告和实验结果的能力。

　　通常可供阅读的资料有很多，例如教科书、杂志或者报纸等。但是，教科书通常只能够提供一些领域相关的概要性介绍，而且里面的案例大都是教科书的作者根据个人兴趣所选取的案例，加上很多已经过时；杂志和报纸倒是经常会报道一些比较新的研究成果，但是考虑到受众的接受程度，杂志和报纸又必须将复杂问题简单化，以一种通俗易懂的方式来解释高深的科学问题。因此，在这些媒体形式上所得到的收获其实是非常有限的。阅读会议和期刊论文是比较可行的方式。其中，会议论文通常登载了作者最新的研究成果。一般来讲，会议更多是提供一个平台，提倡大家聚在一起交流彼此的想法，因此很多会议论文的录用率通常会高于一些领域专业的 SCI 的期刊论文的录用率；有些会议论文的研究也并非非常严谨。期刊论文审稿周期更长，论文的内容通常来讲也更加严谨一些，但很多期刊受审稿周期的影响，所刊出的文章也可能有点过时。有些研究人员喜欢将自己的前期研究成果发表在会议上，然后再将经过扩充之后比较系统和成熟的研究成果发表在期刊上。

（3）准确地评估已有研究

除了上面提到的广泛阅读和充分了解已有的研究成果之外，研究人员还需要具备评估人机交互领域中已发表的研究成果的能力。经过评估后，研究人员会发现，一个设计良好的实验研究不仅符合科学家们的预期，通常也会符合实际情况；而现实生活中设计糟糕的实验研究通常比设计良好的实验研究要多得多。因此，研究人员可能会发现，尽管某些论文是发表在人机交互顶级期刊或顶级会议上的，那些论文中仍然存在这样或那样的问题和缺陷。

（4）有能力鉴别信息的真伪

或许比碰到互相冲突甚至互相矛盾的研究发现更为糟糕的情况是遇到了伪专家。在互联网新媒体时代，任何一个人都能方便地在各种媒体平台上（例如微博、微信等）发布其研究内容或者在线下做一些讲座和学术报告等，其中有些结论其实是并没有被严谨论证的，有些甚至是唬人的。

当然，这种情况并不总是发生，也并非所有的专家都会提供一些虚假信息。只不过，对于普通听众来说，确实很难分辨哪些信息是有益的，哪些信息是无益的。平时进行足够多的学术训练并开展丰富的科学研究，能够让研究人员有能力鉴别信息的真伪，去伪存真。

（5）提高研究人员的科学素养

人机交互领域的研究人员掌握科学的研究方法还有助于他们正确理解科学是如何发挥作用的。世界上有很多聪明的人都能够受益于已有的经验和知识，而很多的经验和知识都是由科学技术的发展变化积累而成的。但是，仍然有很多人并不知道科学技术是如何发挥作用的。比如说，如果我们无法正确地解释全球变暖的数据变化，那又怎么能对温室效应做出智能决策呢？再比如说，如果法官不讲究科学证据，又如何能够判定一个所谓的凶手有罪呢？有时候我们不得不求助于所谓的专家，但是不同专家之间意见也不一样，有时候甚至会遇到一些伪专家并提供给我们一些虚假信息。因此，如果我们想要对全球变暖等科学问题做出正确的决策，就必须掌握科学的研究方法。当掌握了一定的科学研究方法之后，我们就有能力怀疑那些有问题的证据，并从正确的数据和证据中受益。

（6）能够让研究人员在人才市场上更加抢手

实际上，掌握科学的研究方法除了让研究人员变得更加有智慧之外，还能让他们在人才市场上更加抢手。因为现代社会企业招聘人才时不再是仅仅关注与所从事的岗位工作有关的能力和基本素养了，而是更加注重应聘者发现有价值的问题、科学地分析问题和正确地解决问题的能力，这些能力才是一个成熟的企业和公司真正需要考虑的因素。换句话说，公司招聘人员并非仅仅是基于应聘者已经掌握的知识，而更加看重他们能够快速学习新知识以及分析新问题的能力。比如，市场营销专业的从业人员就经常被告知，在他们从事工作的前几年里，为他们以后的成功铺平道路的并非是他们的市场营销策略而是他们的科学技能。因为，一旦掌握了科学研究方法，他们就能区分哪些是有用的信息、哪些是无用的垃圾信息，他们就能快速地从一堆海量数据里面提取出对公司有益的信息。这些技能的重要性不仅体现在市场营销专业上，对于商务、法律、医学或者心理学等其他专业领域的本科生、研究生和业界从业人员来说同样适用。

（7）提高研究人员从事科研的能力

科研能力是帮助学生顺利申请硕士研究生、博士研究生或者进入公司企业找到一份令人羡慕的好工作的敲门砖。如果经过了严谨的科研学术训练，那就证明了一个人是训练有素的，具备公司所要求的诸如做事有条理、持之以恒以及善始善终等各方面的工作素养。

其实，有很多单位或组织，例如沃尔玛、一些大型的博物馆等，都有很多人在从事着科学研究以便评估他们当前正在从事的工作是否有效。还有其他一些单位或组织则想通过科学研究来评估他们正在制订的计划是否会成功。

除了从就业的角度来看待这个问题之外，在校学生做科研也会让他们受益匪浅。有的学生喜欢做科研是因为他们不想停留在仅仅能够看懂心理学等方面的专业书籍这一水准上，而想要自己亲手做心理学方面的实验来验证他们的某些假设；有的学生从事科研是因为他们喜欢与自己崇拜的教授们或者其他认识或不认识的同学们聚在一个团队里面学习和工作；有的同学则是喜欢在科学研究过程中的一系列创造性的活动，当看到那些创新的成果实现了的时候，如同是看到自己写的脚本被搬上了荧幕成为了一部口碑极佳的电影一样让他们富有成就感；有的同学则是喜欢接受在解决实际问题时所带来的一系列挑战，当克服了一个又一个挑战后他们会变得越来越自信；还有些同学是喜欢品味在经过了严谨的科学研究之后，发现了关于用户行为的特定规律，进一步得出了一套关于新媒体产品界面设计规范之后的那种喜悦和激动之情，他们会意识到原来关于用户行为研究还存在这么多有趣、有价值的事情可以做，而且他们可以做得很好，他们的创造和设计能够影响到身边的人，为他们的学习和生活带来更多的便利和更好的用户体验。

2.3　如何科学地观察和解释人机交互中的用户行为

描述和解释用户行为是人机交互研究的一个重要的目标，只有使用科学的方法才能够顺利完成这一目标。一般来讲，描述用户行为包含以下 4 个重要步骤：

（1）客观的度量指标。

（2）跟踪这些度量指标。

（3）使用这些度量指标来判定变量之间的相关程度。

（4）准确地观察，所观察到的用户行为模式准确地反映了通常发生的情况。

如果不运用科学的研究方法，而仅仅靠直觉感知是无法准确完成以上 4 个用户行为研究的关键步骤的，主要原因包括：

（1）我们需要科学的度量方法

我们需要使用科学的方法来准确地度量我们想要度量的变量。一般来讲，可靠的和有效的变量的度量都不是自动完成的。如果研究人员想要系统、客观、无偏地观察和度量变量，就必须使用科学的方法，除此之外别无他法。举一个最简单的例子，很难想象我们仅凭直觉就能够准确地度量出一个人的动机水平、智力或者其他的心理方面的因素。

（2）我们需要科学的方法来记录和保存用户的行为数据

退一步讲，即便我们仅凭直觉感知就能够度量出一个人的智力水平，也无法仅仅靠大脑记忆来记录和跟踪所有观察到的变量值。因为人的记忆能力是有限的，会经常产生遗忘，而且有时候还会产生混淆，将不同的事情张冠李戴。因此，想要做用户研究就必须使用科学的方法来系统地记录和保存所观察到的用户行为数据。

（3）我们需要客观的方法来判定变量之间是否存在相关性

如果不使用科学方法，我们就很难跟踪所观察到的某个变量值，更不必说两个以上的变量的观察值，而且我们也不能单靠直觉来判断这些变量之间的关系。错觉相关性实验可以充分说明这个问题。在这个实验中，被试们被要求观看一组原本是毫无关系和任何模式的数据。但实验结束后，被试们大都会"发现"在这些数据之间存在某种关联性，这也就是所谓的错觉相关性。

有的时候，尽管两个变量之间存在某种相关性，但这种相关性却又会被错误地认为另一种相反的关系。比如，篮球教练经常会说的一句话是"继续投篮"。他们的逻辑是：因为运动员上一个投篮命中了，那么他下一个也会继续命中。但是有研究发现，这种关系根本不成立，甚至是反向的：一个篮球运动员上一次投篮如果命中了的话，那么他很可能不会连续命中下一次投篮。

（4）我们需要科学的方法来推广已有的经验知识

假设我们已经成功地描述和解释了我们的研究成果，那如何将这些研究结果泛化呢？毕竟，一个具体的实验研究的结果是建立在有限范围之内的小样本的用户行为分析基础之上的。

小样本研究有时候会忽略一些本来存在的关系。比如，一个经常抽烟的男人对关心他的妻子说，"亲爱的，别担心，抽烟和肺癌之间没有关系。我所认识的几个朋友都抽烟，但他们都没有得肺癌"。这其实就是一个典型的以小样本掩盖事实真相的例子。

小样本研究的另一个问题是，研究结果所发现的变量之间的某种关系并不能反映出总体的关系。有时候，小样本研究发现的这种关系只是巧合，放到整个研究总体中这种关系未必成立。

通过以上分析，我们可以得出结论：尽管在一个研究中发现了某种规律或者模式，但研究人员还需要进一步讨论这种规律或者模式是否对整个总体都成立。否则，我们又该如何判定小样本研究的结论不是偶然或者巧合呢？

为了将研究结果泛化，研究人员通常会再进一步做两件事情：一是收集一定规模数量的随机样本行为数据，二是使用概率统计的方法来判定本研究所得出的结论有多大的可能是由随机误差引起来的。

总的来说，基于个体或者小样本的经验来反推总体会有很大的出错的风险。因为，个体或者小样本数量太小并且容易有偏见，并且这样的研究假设是基于在个体或者小样本身上发现的规律在其他人身上也会发现，而在现实生活中，这种假设通常是不成立的。为了规避这样的风险，研究人员就需要使用科学的方法，基于一定数量的大样本进行研究，然后使用统计的方法来判断该样本数据是否可以泛化到整个总体，而本实验研究的结论出错的概率又是多少。

2.4　用户行为研究的数据来源

本节，我们讨论用户行为研究中数据的来源。

（1）回溯研究

在从事一个实验研究之前，研究人员可能手头已经有一定的数据。例如，以前做过的某些实验所收集到的一些定性或定量数据，产生这些数据的用户样本与目前正在从事的研究的用户样本之间并无本质上的差异，或者这些差异（比如性别）对所研究的实验假设和变量不起作用（比如每天阅读新媒体内容的时间）。事实上，这些差异也经常被研究人员称为干扰变量（Nuisance Variables）。在这种情况下，研究人员可以直接利用以前实验所收集到的数据来验证自己新提出的实验假设。

（2）归档数据

归档数据（Archival Data）指的是其他人已经收集好了的档案数据。通常有两种类型的归档数据：编码数据和未编码数据。

● 编码数据（Coded Data）

编码数据不仅仅是用户行为数据的简单记录，比如日记、音视频、图片等，还包括已经把各种不同的用户行为进行规范的编码之后所形成的数据。如果研究人员能够访问这些编码之后的归档数据，那么就能省却很多的重复劳动，继而节省大量的人力、物力、财力以及时间。但是，归档数据大多是前人按照他们自己的方式进行编码处理之后的，因此有时候也未必能直接拿来使用并用来解释当前研究的假设。

● 未编码数据（Uncoded Data）

与编码数据相比，研究人员按照项目实际需求自己对数据进行编码就能避免数据格式和要求与自己的研究假设不匹配的尴尬。对原始数据进行编码是一项比较有挑战的工作，因为研究人员要把一些原始的图片、音视频文件、脚本、活动日志或者其他形式的资料转换为自己项目可识别的信息，然后进行客观分析，这一过程通常也被称为内容分析（Content Analysis）。

内容分析技术适用于对很多场合之下所收集到的自由回答和反馈信息进行有效分类，比如对用户在阅读新媒体内容时的喜怒哀乐等情绪进行分类。当然，在使用内容分析技术之前，需要先定义好编码目录。如果研究人员对如何定义目录没有概念的话，就需要事先阅读一些相关领域的文章，参考其他研究人员的分类方法；但如果经过了文献综述之后，仍然毫无头绪，那么可以做一个预实验（Pilot Study）来初步研究一下用户行为的分类方法，这样就能够在很大程度上帮助研究人员厘清思路。

定义好分类目录之后，下一步就是将实验样本分配到各个所属目录和类别里面。如果这一步工作做得很好的话，就会为下一步的数据分析打下良好的基础。研究人员可以在此基础上方便地计算每个目录底下特定的主题或者单词出现的频次。比如，如果想要研究某个地区人们的情绪和社会心态如何，研究人员就可以统计一些关键词出现的次数，例如战争、瘟疫、房价、就业等等。统计工作可以由人工来完成，也可以使用计算机编写爬虫程序从论坛或者其他新媒体平台直接抓取。

（3）观察

另外一种收集用户行为数据的方式就是通过直接观察的方法。

● 观察研究的类型

有三种观察研究：实验室观察（Laboratory Observation）、自然观察（Naturalistic Observation）和参与式观察（Participant Observation）。其中，自然观察和参与式观察两种方式都能够得到真实世界最自然的用户行为。相比之下，实验室观察，顾名思义，指的是观察发生在实验环境之下的用户行为。

实验室观察，在很多情况之下，也可以观察到跟实际情况比较一致的用户行为。比如，一个年轻妈妈带了一个 1 岁的小孩子进入实验室，然后她出去接了个电话，这时候独自留在实验室的小孩子就会哭闹不停。这个场景下的用户行为尽管是发生在实验室里，但是跟现实生活中的情景一模一样。

在很多情况之下，即便是成年人也会在实验室环境中表现出来跟在现实生活中一样自然的用户行为。比如，研究人员邀请了两名素不相识的被试来实验室，然后借故离开。这时候这两名被试就会很自然地交谈起来，比如为什么会被邀请参加这个实验，以及互相询问对方的专业等等。这个情景跟在教室、咖啡厅、舞会等不同场合下两个陌生人见面的交流和沟通是一样的。

另外，即便是在有监控的情况下，被试也可能会表现出比较自然的行为。比如，一对被邀请来参加实验的夫妻，在研究人员借故离开之后不久，就开始了喋喋不休的吵架。有研究表明，尽管这种夫妻之间的行为是在实验室所观察到的，但是却有超过 94% 的概率能够预测到这对夫妇在 15 年之后的吵吵闹闹的婚姻生活。

自然观察，是指在没有打扰到被试的情况之下的一种自然用户行为观察方法。被试不知道研究人员正在观察他们的行为。自然观察必须掌握一定的距离，包括研究人员与被试之间物理上的距离和心理上的距离。

参与式观察，研究人员将以"被试"的身份跟被试们在一起，与他们积极地进行各种交流和参加实验活动。

　　但需要注意的是，无论是自然观察还是参与式观察，都是在被试不知情的情况之下进行的，被试也不知道研究人员在秘密地收集他们的行为数据。因此，这两种方法都涉及伦理问题。而且，相比自然观察来说，参与式观察这种方法争议更大。因为在自然观察方法中，研究人员跟被试之间毕竟还保持了一定程度上的物理和心理上的距离，但是参与式观察是研究人员冒充被试并参与到他们的活动中，然后在未经允许的情况下偷偷地收集他们的数据。

　　至于以上两种方法哪一种在收集用户行为数据方面更加有效，目前尚未有统一的定论。参与式观察的支持者认为通过混进被试中可以得到第一手的内部资料；而自然观察的支持者则认为，参与式观察所得到的数据是不纯净的，因为研究人员会有意或者无意识地影响到他们所混进去的那个组的被试，这在一定程度上使得被试的行为发生改变。

　　● 观察法存在的问题

　　不管是使用自然观察法还是参与式观察法，一旦被试知道他们正在被观察，他们所表现出来的行为就可能不再是他们在自然条件下的本能的、自然的行为。就算是被试还是依旧表现得很自然，但是由于研究人员参与到被试活动中，研究人员在记录数据的时候很可能也不再保持客观和准确了。为了解决以上问题，研究人员必须给被试提供一个不被打扰的环境，比如在一个正常上课的教室的某一面墙上安装一个单面镜，研究人员躲在后面观察上课时学生的行为表现。如果这个做不到的话，那么最好跟被试保持足够的距离，让他们注意不到研究人员的存在；或者研究人员如果实在无法隐藏的话，那么就让被试对此习以为常，不会因为研究人员的存在而表现出不同的行为模式。

　　对于观察研究中用户行为数据的记录，也存在很多问题。比如，如果研究人员距离被试太远，他们就可能听不到被试在说什么。在这种情况下，研究人员就会本能地倾向于记录一些他们希望被试交谈的内容。即便研究人员能够听得见被试的谈话，不同的研究人员在做记录的时候或者进行内容编码的时候，也可能会从不同的角度出发掺杂进一些自己的想法，最后得到不同的结果。在这种情况之下，多找几个观察者同时记录用户行为，然后利用统计学中的 Cohen's Kappa 一致性分析方法评估几个不同观察者的意见是否一致。

在邀请研究人员充当观察者的研究中，还应该注意的问题是需要对观察者进行充分的训练，以便他们能够有能力准确地记录用户行为。训练过程包括三方面，一是准确地划分各个目录和分类并给出定义，然后举例说明什么样的用户行为应该被划分到哪个目录和分类中；二是邀请观察者事先针对一些样本用户行为数据做测试，看看他们能不能准确地分类，如果分类不对，观察者需要被告知他们出错的原因以及正确的分类方法；三是继续这个训练过程直到所有的观察者都能够达到90%以上的分类正确率。

（4）测试

如果研究人员不想依赖观察来取得数据，那就可以通过测试的方法。测试法在度量诸如用户的个人能力、知识、个性等方面十分有效。

使用测试的方法，研究人员可以直接使用多年来前人已经建立起来的测试方法和测试标准。由于是研究人员亲身实地测量的结果，因此这些结果比其他的数据收集方式所获得的结果更加有效。正因为这些优点，测试方法经常被大量的实验和非实验性研究所采用。但是，在非实验性研究中使用测试法的时候应当注意，测试法和其他的相关性研究方法一样具有一定的缺陷，即它不允许研究人员建立因果关系，并且只有当实验抽样的样本非常具有代表性的时候才可以将实验结果泛化。

2.5　章节习题

1. 科学研究方法所具备的特征是什么？
2. 行为科学研究的意义？
3. 描述用户的行为有哪些步骤？
4. 小样本研究有什么缺陷？
5. 为了将研究结果泛化，需要进行什么步骤？
6. 用户行为研究的数据来源通常有哪些？
7. 内容分析是什么？
8. 内容分析的要求及步骤分别是什么？
9. 观察研究有什么类型？

10. 观察研究涉及什么伦理问题？
11. 观察法存在什么缺陷？
12. 针对观察法的缺陷有什么对策？
13. 对观察者的训练有什么要求？
14. 测试方法有什么缺陷？

第 2 部分

用户行为实验设计

第3章　用户行为研究实验方法

本章，我们将用户行为实验分为三种基本的类型，简单实验（Simple Experiment）、多组实验（Multiple-Group Experiment）和因子实验（Factorial Experiment）。

3.1　简单实验

3.1.1　什么是简单实验

简单实验一般包含两组被试。在实验开始之前，这两组被试的特征不应该有显著性差异。在实验中，研究人员对两组被试分别施加不同的实验处理，例如：

1）给两组被试安排不同性质的任务。例如，一组被试用传统的鼠标完成游戏，另一组被试用新开发的视觉手势交互技术完成游戏。

2）给两组被试安排不同程度或数量的任务。例如，一组被试佩戴虚拟现实头盔（HMD）20分钟，而另一组被试则佩戴40分钟。

3）研究人员以不同的形象出现在被试面前。例如，在一组被试面前穿着正式的西服套装，而在另一组被试面前则穿着便装。

4）事先安排实验助手混进被试小组中并表现出不同的行为。例如，在一组被试中赞同他们的做法，而在另一组被试中否定他们的做法。

5）在实验环境中设置不同的道具。例如，在一组被试做行为学实验时，在实验室里放一面镜子以使被试可以看见自己，而在另一组被试做实验时把镜子撤掉使被试无法观察到自己的行为。

6）给实验环境设定不同的干扰因素。例如，一组被试在一个非常嘈杂、非常热、湿度很高、有刺鼻的味道或者有其他因素干扰的实验环境中完成任务，而另一组被试在一个非常安静、不冷不热、不干不湿、空气清新无任何其他跟实验无关的因素干扰的实验环境中完成既定的任务。

7）给被试施加不同的引导。例如，要求一组被试通过不断地重复的方法来记住一组给定的单词，而要求另一组被试通过给这组单词造句来记住它们。

8）给被试不同的实验刺激（Stimuli）。例如，给一组被试具体的、形象的单词要求他们记住，而给另一组被试抽象的单词要求他们记住；或者给一组被试提供用蓝底白字打印的一组单词，而另一组被试提供用红底白字打印出来的同样一组单词，分别要求两组被试记住这组单词。

9）给被试不同的反馈。例如，对一组被试说"本实验表明你是一个很外向的人"，而对另外一组被试说"本实验表明你是一个很害羞的人"等诸如此类的描述。

在简单实验中，通常有一半的被试接受实验处理（Treatment Group），这组被试也被称之为实验组（Experimental Group）；而另外一半的被试不接受任何的实验处理（No-Treatment Group），这组被试也被称之为控制组（Control Group）。如果实验结束之后经过统计分析发现，实验组和控制组之间存在着显著的差异，那么我们就可以下结论说实验处理对被试产生了影响。为了确保实验组和控制组之间的差异确实是由实验处理引起来，而非由被试之间自身存在的差异引起来的，我们需要在实验开始之前对被试进行独立随机分配（Independent Random Assignment）。没有经过独立随机分配的实验不能称为简单实验。在随机分配过程中，每一个被试被分配到实验组或者控制组去的概率是相同的。在实际应用中，我们可以利用 Excel 表中自带的随机数"Rand（）"这一功能将被试进行随机分组。

将被试随机分为两组之后，接下来我们就可以设定实验假设"实验处理对被试有影响"以及其对立的零假设（或称为空假设）"实验处理对被试没有影响"。实验结束之后，统计分析结果有两种可能：一种可能是拒绝了零假设"实验处理对被试没有影响"而接受实验假设"实验处理对被试有影响"，另一种可能是无法拒绝零假设"实验处理对被试没有影响"。这时候我们需要谨慎，不能因为无法拒绝零假设就接受零假设，认为"实验处理对被试没有影响"，实验无法发现有影响的证据，很可能是由于目前的实验条件还不够成熟，或者样本量不够，还不足以引起显著性差异，在当前实验结果的基础上我们无法下任何结论。

3.1.2   操纵自变量

在简单实验中，可以通过两种方式操纵自变量（Independent Variable），改变实验处理的类型或者改变实验处理的数量/程度使自变量发生变化。例如，两组被试分别使用两种不同的交互技术完成一组实验任务是通过改变实验处理类型来操纵自变量的变化；而两组被试分别佩戴 HMD 虚拟现实头盔 20 分钟和 40 分钟后测试其眩晕程度，则是通过改变实验处理的时间使自变量发生变化。为了判断实验处理是否在控制组和实验组之间产生了显著性差异，通常可以使用 t 检验等假设检验方法。

3.2   多组实验

3.2.1   什么是多组实验

简单实验只适用于一个因变量两个不同值的情况，通常我们把他们分别称为控制组和实验组。其中，控制组不加任何实验处理，而实验组则加一定的实验处理。当研究人员想要比较三个或三个以上的实验处理的时候，就需要用到多组实验。在多组实验中，研究人员需要将被试随机分配到三个或三个以上不同的组，然后让这三组被试分别接受不同的实验处理条件。例如，一个研究团队尝试研究手机是否会对驾驶员的驾驶行为产生影响，那么这个团队可能会设置一个不使用手机的被试组，一个使用手机的被试组，以及一个虽然使用手机但是同时也佩戴了蓝牙耳机的被试组。通过比较常规使用手机的被试组和带着蓝牙耳机使用手机的被试组，研究人员就能够得出是否频繁地使用手机是影响驾驶安全的原因。上述这个例子就是一个比较典型的多组实验。

3.2.2   多组实验的数据分析

通常一个多组实验的差异可以分为两部分：

一是组间的差异（Between-Group Variability）。通常，我们希望的是由研究人员对不同组之间施加不同的实验处理而导致不同组之间的观察值产生显著性差异。但是，有的时候即便是给不同组都施加了相同的实验处理，不同组之间也可能会有不同的观察值，这是由随机误差造成的。因此，组间差异通常由两部分构成：一是实验处理产生的差异，二是随机误差造成的差异。

二是组内的差异（Within-Group Variability）。尽管我们将被试分为三个或三个以上不同的小组，但是在每个小组内部的所有被试都是接受同样的处理。因此，组内的差异通常是由随机误差产生，而不是由实验处理产生的。

3.3　因子实验

3.3.1　什么是因子实验

因子实验指的是在一个单一的实验中研究两个或以上的自变量（因子）的效应。比如，在一个 2×2 的因子实验里，我们有 2 个自变量，而每个自变量有 2 个水平变化，总共会产生 4 个实验处理。实验过程中，研究人员将被试随机分配到 4 个处理中的一个。例如，教室里的温度和湿度都有可能会对考生的考试成绩产生影响，于是我们便有了表 3.1。

表 3.1　一个 2×2 的因子实验

温度	低湿度	高湿度
低温度	Group 1	Group 2
高温度	Group 3	Group 4

如果我们把 2×2 的因子实验划分为两行两列的话，那么每一行和每一列都构成一个简单实验。

3.3.2　因子实验的数据分析

在 2×2 的因子实验中，实验处理效应可能分为两种情况，一是只有各个因素的主效应（Main Effect）产生了影响，这种情况称为没有交互作用的因子实验，比如表 3.1 中，各自分析温度或者湿度是否会对被试的考试成绩产生影响就是没有交互作用的因子实验。另一种情况是，温度和湿度共同产生了一种新的效应，我们把它称之为交互效应（Interaction Effect）。对于有交互效应的因子实验我们通常有三个假设：①第一个自变量（因子）实验处理产生了影响；②第二个自变量（因子）实验处理产生了影响；③一和二两个自变量（因子）的共同交互作用产生了影响。

3.4 章节习题

1. 用户行为实验有哪些基本的类型？
2. 什么是简单实验？
3. 为什么"无法拒接零假设"不等于"接受零假设"？
4. 在简单实验中，如何操纵自变量？
5. 什么是多组实验？
6. 多组实验中的差异由什么组成？
7. 什么是因子实验？
8. 因子实验中的实验处理效应由什么引起？

第 4 章　用户行为研究实验流程

本章，我们给出一个通用的人机交互用户行为实验流程，一共可以划分为 10 个步骤和模块。在具体的研究过程中，这 10 个步骤的先后次序可能会稍有不同，有的模块可能会与其他模块并行执行，例如实验环境配置、招募被试以及申请 IRB 的批准可同时进行。下面我们分别阐述这 10 个步骤。

4.1　明确研究问题及实验假设

做实验之前，首先要做的事情就是明确所研究的问题，通常这一过程包含设定一个或者多个实验假设。所谓实验假设，是指事先假定通过改变自变量会引起因变量的变化。例如，我们可以假设被试使用一个软件界面过程中的学习的时间会影响到被试使用这个软件完成任务的成功率。更具体一点，我们可以指定假设的方向性，例如我们可以说被试学习的时间越长对这个软件越熟悉，那么他们使用软件完成任务的成功率就越高。

4.2　设定实验任务并配置实验环境

一个行为科学实验通常要求被试完成一系列指定的任务。因此，在实验开始之前必须谨慎地选择实验任务并配置好实验环境，被试可以在实验环境中从容地完成既定的实验任务。如果想要比较语音和遥控器两种交互方式在交互式数字电视应用中哪种效率更高，那么在配置这样的实验环境时必须保证房间里没有其他噪音的影响，同时必须有一台能够正常显示内容的电视机屏幕，有能够正确识别语音的人机交互系统，可能还需要专业的视频监控系统及软件能够记录用户在实验过程中的行为数据，例如出错次数等等。

给用户展示任务的时候，通常需要一台电脑并配置一定的软件工具包，例如 EPrime。EPrime 是由卡内基梅隆大学和匹兹堡大学等联合开发的一套用于计算机化行为研究的实验生成系统。在配置实验环境时，还必须考虑到在此环境下如何收集数据以及如何判定所收集的数据是有效的。否则，一旦经历了很长时间的实验操作之后才发现所收集的数据是无效的，那将是一件非常令人沮丧的事情。

4.3　评估潜在的伦理问题并征得被试的知情同意

明确了研究问题和实验假设之后，下一步就需要评估研究计划或实验本身可能存在的风险或者其他的伦理问题，因此实验设计者需要求助机构审查委员会（Institutional Review Board，IRB）并得到他们的批准，这一过程俗称"过伦理"。在西方一些国家如美国，这一过程非常严谨并且漫长，有时候为了等到 IRB 的批准需要提交很多文档并且要耐心等上好几个月。因此，实验设计之初就需要提前考虑好这一冗长的周期并且早做准备。一般来讲，IRB 关心的包括实验被试是如何招募的、他们是否会得到一些额外的报酬（加分、金钱补偿或者其他形式的小礼品等）、实验过程中是否会收集被试的个人信息、被试在实验过程中会被要求执行哪些任务、被试参与实验会受到哪些潜在的伤害（包括心理或生理上）、实验所得到的数据将会如何保存及事后保密等等。需要注意的是，即便是实验人员所在的机构对伦理审查没有明确的要求和规定，实验之前认真细致地考虑这些问题也是十分必要的，这有助于规避潜在的风险，保证实验的顺利进行。

4.4　预实验

预实验（Pilot Study，或者称为 Pilot Test）是在主实验之前的初步研究，通常只需要招募少量的被试，对主实验所涉及的很多细节问题进行验证和评估，例如实验过程中所使用的软件是否能正常运行不出问题，或者如果实验过程中软件崩溃了是否有备选机制，实验语是否理解起来困难并且会误导被试，被试在做实验过程中是否会感到极其疲劳而无法完整地完成实验等等。如果出现了以上情况，那么研究人员必须调整实验流程甚至需要改变实验设计。短期来看，预实验可能会需要一定的人力、物力和财力等成本，但从长远来看，预实验能够及时发现问题并有效调整研究方向，可以保证主实验的顺利完成。

预实验中可以招募任何在时间或地点上方便参加实验的被试，例如研究人员的朋友、同事等。预实验可以灵活地选择在办公室或其他能够方便地开展实验的地方。预实验中可以收集被试的数据，例如完成任务的时间、满意度调查等等，但一般情况下预实验的数据和结果不需要在学术论文或报告中展示，因为这些数据的目的是帮助研究人员预先了解实验因素的效应并有效对实验流程或步骤进行调整，从而使得主实验更加科学严谨。

预实验得到的数据有三个方面的作用：①可以帮助研究人员了解是否得到了方便后续进行统计分析的数据格式，是否在实验设计和预期的分析目标之间存在逻辑差距和鸿沟等；2）尽管在预实验中样本量不多，统计功效也不是很强，但实验人员可以从中了解到是否自变量对因变量产生了作用，变化的趋势与预期是否符合或者实验结果是否为可以解释的等；③研究人员可以找到可以用来指导主实验的正式的或非正式的理论的边界，例如，如果不能使用某种理论来解释预实验的结果，那么研究人员可能就需要调整研究的方向，而如果方向改变很大的话，还需要再次经过伦理审查并得到批准后才能继续实验研究。

4.5 准备实验脚本

在预实验中，为了能够及早发现问题，研究人员通常会尝试使用不同的方式引导或鼓励被试完成任务。但是在正式的主实验过程中，无论是实验引导还是实验流程都需要保持一致，以确保被试在同样的实验条件下完成任务。因此，研究人员最好提前准备好实验脚本，这类似于拍电影或话剧那样的脚本，可以明确整个实验的流程和序列以及每一步骤具体做什么。对于实验中的关键部分，尤其要特别注意，例如在某些步骤中需要把任务操作说明大声地、逐字逐句地给被试读出来，以避免漏掉某些重要的细节。

4.6　发布实验信息并招聘被试

招募被试不是一件容易的事情，有时候会很艰难，这主要取决于研究的目的、性质、实验环境和对被试的要求等。如果一个课题组有固定的受试群体（Subject Pool），那么通常招募被试这项工作就变得容易得多。反之，如果一个实验研究对被试有很高的要求（文化程度、专业知识、年龄、健康状况、国籍等），那么招募到合适的被试就会变得相对困难。

招募被试可以在做预实验和配置实验环境的时候就开始，尤其是当实验的前期准备相对简单但被试招募工作相对困难的条件下更是如此。但是，当被试很容易招募到（例如有固定的受试群体）而实验前期准备相对复杂繁琐的时候，招募工作可以在做完预实验后才开始进行。

4.7　运行实验

主实验是整个研究中最核心也是最重要的部分。在主实验中，实验人员需要告知被试实验的目的和相关要求，然后得到被试的知情同意（Informed Consent）后才能在研究人员的引导下逐步完成实验。

运行主实验可能会得到跟预实验不同的实验结果，这可能是由被试之间的个体差异引起的。相比预实验，被试在主实验中可能会以不同的想法或者其他意想不到的方式完成实验。如果主实验的结果跟预实验的结果没有那么大的差异，研究人员接下来就可以使用统计学的方法来分析主实验的结果并验证其与预期假设是否吻合。

4.8　分析实验结果并完成实验研究

如果预实验和主实验都能够如愿顺利地执行，接下来实验之初所设立的假设是否成立的答案很快就会浮出水面了。通过分析实验得到的数据，研究人员能够更好地理解所关注的问题。

在使用统计学方法分析数据之前，还有一些必要的工作要做，包括：①备份好所收集的数据。如果数据是电子的，最好多做几次备份，例如存到电脑硬盘上、U 盘上或者邮箱里。如果数据是纸质的，最好多复印几份并存到几个不同的地方。②确保数据被安全地保存在不同的位置。③确保实验所涉及的所有有用的信息都能被记录并存储下来。多记录一些数据总是有好处的，即便最后用不着，结果也比到时候需要用数据但又因为实验过程没记录而手头无数据可用好得多。俗话说，"磨刀不误砍柴工"，实验过程中对所收集的数据进行有效地分类归档是非常重要的，否则在一段时间后，当需要修改或补充数据时（学术论文返修时经常会碰到这种情况），研究人员才发现以前记录的数据杂乱无章、毫无头绪、无法准确找到有用信息，这时就悔之晚矣。

4.9　重复以上步骤

在实际研究过程中，研究人员通常会发现很多时候最初的实验设计无法有效验证实验的假设并回答所关心的研究问题。实验过程中所收集到的数据总是会带来额外的问题，这就需要返回头来再次修改实验步骤或者重新评估自变量或因变量。尽管这一过程不总是发生，但补充或者重复实验对于更进一步理解实验结果是非常重要的，尤其是如果研究人员得到了十分有趣的实验结果的时候，重复整个实验或者至少重复其中的一部分来确保实验结果是可以被泛化的，或者实验本身是可以被其他研究人员重复的，这将是一件非常重要的事情。

4.10　报告实验结果

实验研究的最后一步就是汇报实验的结果，这些结果要么将会出现在技术报告中，要么将会出现在学术论文中，这样其他研究人员就可以以此为基础展开更加深入的研究。

4.11　章节习题

1. 用户行为研究实验整体流程是什么？
2. 什么是实验假设？
3. 设置实验环境的意义是什么？
4. 开展实验一般需要注意哪些伦理问题？
5. 什么是预实验？
6. 预实验有哪些注意事项？
7. 预实验的数据有什么作用？
8. 在对实验结果进行统计分析之前还需要注意什么？
9. 为什么需要重复实验？

第 5 章　用户行为研究实验准备

5.1　文献阅读

在行为学实验开始之前，广泛阅读该领域的相关文献是保证实验顺利进行的必要条件。从前人的工作研究中，可以很方便地学习得到有关实验设计、实验方法和流程、被试招募策略以及实验过程中可能会遇到的一些意外情况处理等重要的信息，这些信息有助于研究人员规避已有的风险，节省很多的人力、物力和财力，保证实验的顺利实施。

需要阅读的文献因人而异，并且与具体的实验目的相关。比如对于毫无统计学背景甚至对实验设计一窍不通的研究人员来说，多阅读一些此类的书籍和文章来打好基础是必要的。而如果学过人机交互和认知心理学等相关课程、熟悉实验设计方法并掌握了常用的统计分析方法和工具的研究生或其他研究人员，则需要多阅读一些与本实验研究相关的已发表的文章，看看实验设计和方法是否与前人的重复，有哪些经验是值得借鉴的，有哪些方法是可以创新的。

目前，许多的导论性质的统计学书籍或课程仅仅关注于一些基础的统计学方法，例如 t 检验、方差分析等。很多情况下，这些方法还不足以分析定性或者有序的用户行为数据。为了能够更好地分析人机交互领域中的用户行为数据，研究人员有必要掌握其他的统计方法例如回归，因为有时候回归可以对所收集到的用户行为样本数据做出更加鲁棒的预测，而并非只是简单地度量自变量是否会影响因变量，并且回归的方法还可以预测是朝向哪个方向变化并且在多大程度上影响其变化。

5.2　实验设备、材料、设计和预实验

文献阅读结束之后，就需要认真准备实验设备和材料、配置实验环境、梳理实验过程之间的逻辑关系等。在这一环节中，预实验起到了非常重要的作用。

5.2.1　实验设备

实验设备主要用来在实验中获取有效数据。在认知科学领域，用户行为数据可以通过使用专业软件如 EPrime 配合监控摄像头、录音笔或者键盘鼠标记录器等来获取。目前，眼动仪（Eyetracker）也越来越普遍地应用在人机交互、用户界面或认知心理学等相关领域的实验中来收集用户的眼动数据，从而判断用户在界面上的感兴趣区域（Region Of Interest，ROI）。在条件允许的情况下，应该尽量避免手工记录实验数据，因为这不但耗用大量的人力物力，而且容易出错。

（1）定制的实验软件

很多实验都使用了定制的软件或者专有软件，这些软件有时候是由课题组的研究人员自主开发的，例如一个简单的程序界面能够用来提供实验刺激（Experimental Stimuli）以及记录用户的反应（如时间）；或者有时候也会开发更加复杂的交互界面用来记录实验过程中的用户反馈行为和关键数据。如果是新手来做实验，那么必须首先要学会使用这些软件，尤其要注意被试在实验过程中是如何使用这些软件与系统进行交互的。

（2）商业软件

E-Prime[①] 是第一款在个人计算机上使用的商业化心理学实验软件，E-Prime 可以很方便地安装在 Windows 系统上。PsyScope[②] 是另外一款由卡内基梅隆大学开发的心理学实验软件，同时也可以说是 E-Prime 的前

---

① 　www. pstnet. com/products/e – prime

② 　psy. ck. sissa. it

身，研究人员如果需要使用 PsyScope，就可以在符合 GNU 通用公共许可证① （GNU General Public License） 的前提条件下免费下载。

（3） 击键记录器

在一个实验中仅仅记录用户完成任务的时间是不够的，还需要记录用户完成任务过程中的关键行为。这一过程可以通过两种方式来完成，一种方式是研究人员使用摄像头进行全程视频监控，这一方式可以将用户及其在做实验过程中周围所处的环境全部都记录下来。但分析视频数据通常是一件耗时耗力的工作，有时候还会出错，因为这通常需要一帧一帧地来分析用户在哪个时刻做了什么特殊的行为动作，然后手工标注并记录在数据集中。另一种方式是只记录用户手指的键盘或者鼠标击键行为，例如 Noldus 公司就开发了可以记录击键行为的商业软件。另外，宾夕法尼亚州立大学的 Frank 教授也开发了一款记录按键行为的软件 RUI，该软件可以分别在 Windows 和苹果系统上运行，该软件的主要特色之一是用来测量被试与计算机系统界面交互时的反应时间。

需要说明的是，无论是哪种行为记录软件，都涉及隐私问题，例如在很多大学里面是明文规定禁止在公共场所 （如教室或者实验室） 安装用来记录用户登陆信息 （如名称、密码等） 的软件。

（4） 眼动仪

眼动仪是最近比较流行的一款专业软件，可以准确记录被试眼睛注视的位置和眼睛运动的数据。研究人员可以将眼动数据视为两种用户行为的融合：①在被试所关注的信息区域中的眼睛注视及停顿行为；②在两次注视之间的眼睛快速扫视行为，此类行为数据可以提供用户与界面交互时大脑对信息的认知处理过程的有用信息。眼动仪设备本身是十分贵重的，当然其测量精度因受外界因素影响而变得十分敏感，在实际使用过程中需要控制好其他实验条件。随着技术的不断发展，眼动仪变得越来越鲁棒，其价格也逐渐地在降低。

---

① www.gnu.org/copyleft/gpl.html

5.2.2　测试室

任何实验的运行都需要一个场地，通常这个场地也被称为心理测试室（Psychological Testing Room）、人因实验室（Human Factor Lab）、人机工效学实验室（Ergonomics Lab）、可用性实验室（Usability Lab）或者人机交互实验室（HCI Lab）。一般来讲，一个可用性实验室通常是特殊构造的房间，这个房间必须不受外界因素的影响（例如噪音），房间里面包含一个操作间和一个观察间，在观察间中研究人员可以观察任务环境并且记录用户的行为。有的时候，HCI 的实验需要观察和记录一组用户之间通过互相交互协作而完成任务的情况。在这种情况之下，一个常规的测试室可能容纳不下那么多人，也无法完整地记录所有人的行为数据。理想情况下，测试室应该可以足够灵活地改变空间和布局以适应不同人数需求的实验研究。

5.2.3　因变量的测量

一个 HCI 实验研究的目的就是观察在可控的实验条件之下的用户行为表现。实验正式开始之前，必须明确地想清楚想要观察什么以及如何度量实验变量，只有这样，实验结束后才能有效地对实验数据进行统计分析。换句话说，研究人员必须明确因变量以及知道如何度量这些因变量。

（1）因变量的类型

最常见的观察就是简单地判断被试是否成功地完成了任务。通常这是简单的是或否的问题，研究人员据此可以容易地计算多大比例的被试在不同的实验条件下（如在不同的自变量水平下）成功完成了任务。如果任务要求计算每个被试的重复响应，那研究人员还需要为每个被试分别计算准确完成任务的比例。例如，如果当前研究所关注的因变量是记忆力，那么研究人员需要测量的指标可能会涉及被试正确回忆（Recall）或者正确识别（Recognition）出来的选项的个数。当然，具体是需要测量回忆还是测量识别是非常关键的，因为这是两个完全不同的指标，通常来说，识别是比回忆更加简单的任务，测量的指标不同会导致产生完全不同的实验结果。

实验人员总是希望被试能够顺利地完成任务，在很多场合之下，响应时间（Reaction Time/Response Time）是一个被用来度量任务完成效率的指标。大多数情况下，在保证成功率的条件之下，响应时间越短越好，但也有例外，比如一个钢琴艺术家在弹琴的时候并非耗时越短越好，因为这无法保证能够对观众有效地传达音乐内容和信息。当研究人员使用响应时作为度量指标的时候，必须同时考虑速度与精准度之间的权衡，被试可能会牺牲精准度而达到更快的速度，反之，也可能会为了达到更高的精准度而牺牲速度。

除了响应时间外，另一种经常被拿来使用的因变量度量方法是自陈法（Self-Report）。调查问卷就是一种常见的自陈法。相信很多人在不同的场合之下曾经使用过调查问卷，例如一个 5 点的或 7 点的里克特量表（5 - or 7 - Point Likert Scales），根据 Likert 量表，被试需要对给定的问题在 1～5 分或者 1～7 分之间打分，其中 1 代表强烈反对（Strongly Disagree），5 或 7 代表强烈同意（Strongly Agree）。尽管 5 或 7 分的 Likert 量表都很常见，但本书推荐使用 5 分 Likert 量表法，5 或 7 分的 Likert 量表最终得到的数据的结论和趋势是一致的，但是 7 分的 Likert 量表对被试而言使用起来更加困难，例如被试无法准确把握 6 分和 7 分之间的微小差异。

HCI 用户行为实验中的错误数据也是经常需要被关注和统计的信息，包括被试在实验中完全失败或者在某些方面没有正确完成的次数。错误数据往往更加不容易收集，例如在实验中收集 100 次用户失败的响应可比收集 100 次成功完成任务的响应难得多，因为这需要运行更多次的实验才能得到这些数据。反之，如果错误数据对某个研究无意义的话，那么最好是运行预实验并检测实验结果保证错误尽量不会发生。

（2）变量的选择

一个实验中，可能存在很多不同类型的变量，实验人员可能会关注任务完成时间、击键次数或者出错次数等。一般，我们将变量分为两种类型：①自变量（Independent Variables），②因变量（Dependent Variables）。自变量是指能够引起或导致被试行为发生变化的因素，也是研究人员在一个实验中试图发现的因素，也被称之为操纵量（Manipulated Variables）、处理变量（Treatment Variables）或者因素（Factor），自变量通常在一个实验中是保持固定不变的。例如，我们想要测试被试在学习了一项技能之后的遗忘规律，被试的性别、年龄、专业背景和学历等因素都是固定不变的，这种类型的自变量常被称为准自变量（Quasi-Independent），因为这些变量不能被研究人员所操控。

因变量是指我们在一个实验中试图测量的受自变量影响而发生变化的变量，例如在一个 HCI 实验中，研究人员试图测量被试的任务完成时间、击键次数、出错率等等，其中响应时间和出错率是两个非常常见的因变量。除此之外，还有工作负荷或认知负担等，例如，NASA 的任务负荷指数（NASA Task Workload Index）就直接使用了 6 个分量表来度量被试的负荷量。需要注意的是，因变量的选择会影响到后续的数据统计方法的选择，例如如果研究人员选择了多个因变量的实验，那么统计分析时就需要相应地使用多元统计方法（Multivariate Statistical Methods）。总的来说，因变量是实验时被观察到的响应，而自变量则是实验过程中由研究人员操控的可以引起或者导致因变量产生响应的因素。

（3）测量尺度

变量可以分为四种不同的类型：类别变量（Nominal Scale）、顺序变量（Ordinal Scale）、等距变量（Interval Scale）以及等比变量（Ratio Scale）。了解这些变量的分类是十分重要的，因为变量的类型决定了研究人员可以在这些变量的观察值（数据）上使用的数学统计方法。例如，除了等比变量之外，对其他三种变量进行加减乘除是没有数学意义的，因为只有等比变量中才会出现绝对值 "0"。此外，涉及统计方法的选择也是需要考虑变量的类型，比如参数检验方法像相关性检验或者回归等就要求变量是等距变量或者等比变量；类别和顺序变量不能使用参数检验方法，只能够使用非参数检验方法例如卡方检验等。

5.2.4　收集好数据并准备分析

使用特定的计算机软件、视频捕获设备（摄像头）、音频捕获设备（录音笔）或者是纸和笔等来记录实验过程中的用户行为原始数据是一件相对简单的事情，但是，将数据直接记录为一种易于统计分析的数据格式却并非易事。

（1）尽可能多地记录数据以及这些数据的标识符

尽可能多地记录下与所研究关注的用户行为相关的数据，例如被试每次按下鼠标或键盘按键的时间，然后将这些时间戳与相对应的用户行为之间建立准确的关联关系，什么时间开始然后后面又发生了什么行为。如果实验刺激是随机出现的，一定得保证每次所记录的数据（用户响应）与所对应的刺激是匹配的，它们之间的映射关系不能弄错。多记录一些数据总是有好处的，如果以后发现这些数据跟实验关注的问题不那么相关，那么可以不用分析这些数据；但如果以后发现有些数据需要分析但实验过程中并没有记录下来，到那时候手头就没有数据可用了。尽管这些道理显而易见，但实际的行为学研究中还是会出现这样那样的情况，从而导致某些关键数据没有记录或者没有完整地记录下来，最后研究人员不得不重复整个实验或者实验中某些关键的步骤以重新获取数据。

（2）正确地对数据进行分类和组织

使用专业的数据分析软件对数据进行组织分类确保数据按照标准格式进行存储和检索。例如，在一个数据库中甚至是一个简单的电子表格中，确保每一行数据都包含正确的标识符（如被试的唯一的编号），确定每一个自变量的不同水平，实验所采用的特定的刺激因素等等。研究人员需要合理制作表格并保证每一行数据都包含同样字段数量的数据。如果一个实验中包含不同的测试，每个测试有不同的变量个数，比如一个测试被试记忆力的实验，可能会包含几个小的测试分别设置了不同数量的测试选项，那么一定得明确标识出来哪些变量是对应哪些测试而与其他测试无关的，否则会造成数据的混淆以至于无法分辨出来应该分析哪些数据。

（3）选择合适的数据存储格式

实验经常会出现需要转换数据格式的情况，例如从 E-Prime 中导出的数据需要转换成 SPSS 进行分析，或者从 Excel 中导出数据到 SPSS 中分析。一种常见的通用数据存储格式是 CSV（Comma-Separated Values），这种格式的文件以纯文本的形式存储表格数据（包括数字和文本）。纯文本意味着该文件是一个字符序列，不包含必须使用二进制数字那样被解读的数据。CSV 文件可以由任意数量的记录组成，记录之间以某种换行符进行分割，每条记录由字段组成，字段之间的分隔符是其他字符或者字符串

（常见的是逗号或制表符）。通常，CSV 所有的记录都有完全相同的字段序列。目前，大多数的电子表格和统计软件都可以轻易地读取 CSV 的文件内容。

5.2.5　使用预实验的数据进行前期分析

在进行一个大型的 HCI 行为学实验研究之前，先进行预实验是非常有必要的，这有助于提前发现实验中的设计缺陷，及时修改和矫正实验过程中存在的问题并且规避潜在的风险。预实验的被试可以邀请身边的朋友、家人或者从固定的受试群体（Subject Pool）中招募。

分析预实验数据的好处之一是能够为接下来将要进行的主实验的数据收集和分析提供一轮预先的评估，研究人员可以从中得知实验设备和软件是否能够正确地获取数据。曾经有一个案例，一个年轻的研究人员在主实验进行了好几个小时后才发现实验设备和软件根本不工作，因而无法有效地记录数据。

如果预实验的结果并非如事先所预期的那样，研究人员就需要尽快修改研究方案和实验设计，例如改变自变量、改变目标任务或者增加一些其他的实验处理（Treatments），直到预实验的结果显示了正确的研究方向和合理的数据变化趋势。如果预实验的结果一开始就与预期的相符，那么可以着手做主实验并收集有效的数据来再次确认预实验的结论。

需要注意的是，在预实验中给定小样本量的条件下，研究人员可能很容易就得到大的效应量（Effect Size）。效应量是指由实验因素引起来的差异，是衡量处理效应大小的指标，若效应量太小，即使达到了显著性水平，实验结果也缺乏实用价值。在实际应用中，效应量通常用 Cohen's d 来度量。如果在预实验中效应量太小不够显著，那么需要招募更多的被试或者修改预期的效应量的大小。

5.3　招募被试

5.3.1　术语：Participants 还是 Subjects？

Participant 是一个相对新的术语，这个词被很多研究领域用来强调研究者对被试的伦理职责（Ethical Obligations）。相对来说，Subject 在一些较早期的研究文献中经常看见使用。在很多的心理学实验中，研究者们更喜欢使用 Participant 这个词。而第六版的 Publication Manual of the American Psychological Association（APA）也建议用 Participant 取代 Subject，因为前者更加人性化，APA 对 Participant 给出的定义包括大学生、儿童，以及其他的实际参与实验的人员。

但是也有人持反对意见，例如 APS（Association for Psychological Science）的前主席 Roediger 就建议使用 Subject 这个词，因为这个词从 1800 年就开始使用至今，大家都已经习以为常。而 Participant 这个词无法更好地区分实验员（Experimenter）和被试之间的差别，实验员也全程参与了实验，因此实验员也算是 Participant。

本书对 Participant 和 Subject 不做严格的界限，因为除了心理学研究人员喜欢用 Participant 之外，不排除其他领域的研究人员更喜欢使用 Subject 这个词。在一个实验中到底使用哪个术语需要视不同情况并结合专业领域而定，没有统一的说法。

5.3.2　招募被试

招募被试不是一件容易的事情，研究人员必须清楚他们所招募的被试需满足什么条件，只有符合条件者才可以被招募进来，而不符合条件的就不能参加实验。研究人员必须把握好尺度，在具体执行时保持条件一致。

首先，最好是从合适的群体中招募被试。例如，如果一个实验想要测量被试学习某种外语的词汇量，那么必须排除那些已经熟练掌握该语种的被试；而如果需要测量对某特定的两种外语的学习情况，那么被试就只能招募那些能够掌握两门外语的人了。此外，研究人员还需要考虑其他的一些因素诸如年龄、教育背景、性别等，从而选择合适的被试样本。

其次，研究人员需要明确一个实验到底需要招募多少个被试，因为被试的数量将影响实验最终结果的泛化能力。通常来讲，被试数量越多，实验结果就越可靠。但是，在有限的资源的条件下（如时间或者经费有限），研究人员不得不要认真考虑招募一个合理数量的被试。在前面提到的阅读文献那一环节中，研究人员可以获得一些灵感，参考前人相关研究招募了多少被试。当然，研究人员也可以计算在当前样本量基础上的实验效能（Power of the Sample Size）。一个实验的效能（Power）指的是该实验拒绝一个错误的空假设的概率。当实验的对立假设成立而实验结果却没能拒绝空假设，这种错误称之为类型Ⅱ错误（Type Ⅱ Error）。当实验的效能增加时，犯类型Ⅱ错误的概率就会降低。有很多软件和工具可以帮助研究人员计算一个实验的效能，例如由德国海因里希海涅大学开发的 G * Power ① 就是一款容易操作的软件，可以用来分析很多统计方法的效能，如 t 检验、F 检验、卡方检验、Z 检验等等。

最后，研究人员还需要考虑一下多少样本量才够的问题。样本量太少，实验结果可信度不高；但样本量太多也没必要，不但会浪费时间和精力，而且会使得本来在理论意义上不重要或者无意义的实验效应而因为大样本量的存在，而在统计意义上变得显著或者可靠性增大。

招募被试可以有好几种不同的渠道。最简单的一种方式是实验员自己来充当被试做实验。在一些简单实验中，这种方式是可行的，因为有些任务对不同的被试来说完成起来差别不大，或者被试之间的差异基本可以忽略不计，因此即便实验员或研究人员事先知道了实验的假设，也不会对最终的实验结果产生影响。因此，这种情况下即便从少数几个实验员身上获取的数据仍然是可以泛化的。

研究人员也可以邀请那些身边容易招募的被试来做实验，目前很多实验都采用了这种方法。因为对这些研究来说，仅仅样本量的大小或某些异常显著的特征才会影响到实验结果和实验效应，例如年龄、专业、性别、受教育的程度或者其他跟研究相关的因素。因此如果被试对实验任务的熟

---

① http://www.gpower.hhu.de/en.html

悉程度不会影响到实验效应的话，研究人员想要增加被试数量就可以考虑邀请身边的亲朋好友。既然是身边熟悉的人，研究人员就可以通过发送电话、短信、电子邮件或者散发纸质传单等不同方式来通知他们前来参加实验。当然，这些方式也存在一个潜在的缺陷，那就是实验结果的泛化程度可能不高。也就是说，这些被试无法代表整个总体，况且被试之间也可能存在一些隐含的可变性，比如通过邮件招募的和通过街头散发传单招募的被试可能就不同，最早一个来做实验的被试和最后一个才来做实验的被试也可能存在不同，如最早来的那个可能更有责任心。

　　最理想的一种情况就是随机取样了。研究人员使用合理的取样方法在一个总体中随机取样，能够确保每一个潜在的被试都有同等被招募到的概率，从而保证统计结果的有效性。在一场足球比赛的观众中随机抽取一部分人来回答一个关于足球 App 界面设计的可用性调查问卷就不是一个随机取样过程，因为这个取样只考虑了现场的足球迷，而有的人没钱买球票就不会去现场看足球，有的人甚至压根就不喜欢足球，这样选择的话就会造成样本选择偏倚（Selection Bias）。在现实生活中真正做到随机取样是不容易的，需要研究人员仔细地考虑实验目的和假设，以及究竟什么样的被试才符合实验条件。

5.3.3　受试群体

　　在很多人机交互或者心理学实验中，被试可以从固定的受试群体中招募，这个群体通常由对实验研究非常感兴趣的在校本科生组成。当然，有的学生参加实验只是为了获取额外的附加分（Extra Points）因此研究人员必须准确记录哪些学生参加了实验，哪些没有参加实验。对参加了实验的同学在课程成绩上提供附加分的奖励，对没有机会参加实验或者不愿意参加实验的同学也应提供其他的方法使得他们也同样有机会能够得到额外的附加分。有几种不同的方式可以提供给不愿或没有机会参加实验的同学，比如，布置一些额外的作业；或是提供一篇杂志的学术论文给学生阅读，学生阅读完后写一篇 2 - 3 页的总结；也可以给这些同学出一套小测试题。完成作业的同学或者答对测试题目的同学可以得到跟其他参与实验的同学一样的附加分。需要注意的是，无法参与实验的同学花在做作业或者做测试题上的时间和精力要跟参加实验所付出的时间和精力对等匹配。

当学生参与完实验之后，研究人员应保证能够准确无误地将参加实验同学的信息反馈给提供附加分的任课老师，而任课老师则负责给相应的同学加分。所以，在实验开始之前请被试在知情同意书上签字时应请被试留下他们的学号和姓名，将学号和姓名这些信息作为标识符记录在电子表格或者数据库中。有的实验可能会需要很大的样本量，研究人员可能需要到不同课程所在的教室去招募被试，这时就要避免在不同的班上招募到同时选修了好几门课的同一个同学，因为重复参加同一个实验会使得这个同学在每门课上都获得了额外的附加分奖励。

除了附加分这种方式之外，在实际应用中，实验人员也可以使用一定数额的金钱奖励。但需要注意的是，不管是附加分还是金钱奖励，数额都不能太大，否则会给被试造成强迫参与实验的动机（为了得到附加分或者为了赚钱），从而使得实验的性质发生改变。

5.4　伦理审查

在很多国家，心理学/人机交互或者人因学的研究人员在从事实验之前，必须先要得到该研究人员所在机构或组织的伦理审查委员会（Institutional Review Board，IRB）的批准。伦理审查委员会是一个机构，很多大学就常设这样的机构，主要负责对涉及被试所参与的生物医学或者行为学等方面的实验研究进行监督、批准和审查，其主要任务是事先评估实验过程对被试可能造成的危害、研究本身是否符合伦理规范、研究是否符合法律法规的要求以及实验本身是否能够保证被试的合理权益等。

实验之前，研究人员通常需要给被试看知情同意书，使被试知道在接下来的实验过程中将会发生什么，了解潜在的风险（即便风险很小也需要清楚地告知被试）和可能的受益（比如有机会在新产品发布之前最早接触到新产品的使用）以及其他的一些实验细节。当被试在知情同意书上签字同意了之后，实验才可以开始进行。知情同意书的内容应简单明了，避免使用行话或者晦涩难懂的专业术语。

通常 IRB 审查有两种情况：快速审查（Expedited）和全面审查（Full

Review）。很多行为学实验如果不包含医学药品、放射物品、或者医疗治疗过程，则基本都属于快速审查类型。快速审查不需要经过所有的 IRB 委员讨论并投票同意，因此只需要经过几个星期的时间就能获得批准。否则，实验则需要经过一个较为漫长的全面审查过程。

　　有时候会碰到这样的情况，一个研究涉及两个不同的组织机构，例如两个大学之间的合作研究，或者一个大学和一个政府机构之间的合作研究，甚至有时候可能是横跨两个国家的不同机构之间的合作研究，这时需要找哪一方的机构进行伦理审查和批准？一般来讲，被试的数据主要在哪边收集就需要在哪边经过伦理审查。但是有的时候可能又会涉及到另一方合作机构的基金支持的问题，这时最好是求助 IRB 机构的专业人员，听取他们的建议。

　　当实验进行过程中发现被试数量不够，需要补充少量被试时，就不需要再经过 IRB 的伦理审查了。但是当需要增加大量的样本或者需要对整个实验进行修改时，就需要提交新的申请并经得 IRB 的重新批准。

5.5　章节习题

　　1．用户行为研究实验之前应该做何准备？

　　2．文献阅读有何意义？

　　3．获取数据的常用设备通常有哪些？

　　4．眼动仪有什么作用？

　　5．测试室有什么要求？

　　6．用户行为研究实验中的因变量主要有哪些类型？

　　7．变量分类有何意义？

　　8．如何正确收集和记录数据？

　　9．招募被试需要注意什么？

　　10．伦理审查的主要项目有哪些？

　　11．知情同意书主要包括什么内容？

第6章 用户行为研究实验实施

6.1 实验前准备

实验开始前有几个步骤需要准备好，比如确保通知到被试实验的时间、地点等；实验环境确保是安静的，最大可能地排除其他外界因素的干扰；实验人员穿着得体；预先写好实验脚本并在实验过程中认真执行这些脚本；确保所有的实验材料都在手边。上述步骤有些稍微简单一些，有些则稍微复杂一些。

6.1.1 实验环境的布置

实验环境会影响被试的发挥和最终的实验结果，因此实验人员必须事先布置好环境，比如为被试准备一个可调节高度的椅子，这样当不同身高的被试坐在电脑前完成实验任务的时候，就不会因为椅子太高或太矮而感到不舒服。调节好光线的强度使得被试不至于看屏幕的时候过于刺眼也是需要考虑的一个因素。另外，还需要清理实验室环境，移除一些与实验无关却可能使被试分心的一些物品杂物。在实验室外面的走廊上贴上一张"实验进行中，请保持安静"的标语也可以起到提醒走廊上行人的作用。在某个被试做实验的时候，最好为其他等候的被试准备好舒服的休息空间。实验之前，尽量安排好时间，不要让所有被试全都在一个时间节点上一起进来。总的来说，尽量确保被试在做实验的时候感到安静、舒服和自由。

除了上面提到的硬环境之外，软环境也是实验人员需要特别注意的。比如有的研究人员在自己的笔记本电脑上做了预实验，一切都很顺利。可是当把系统拷贝到实验室做主实验的时候，却突然发现系统对实验室的电脑并不兼容！其实，在现实生活中，很多软件都不是跨平台的；或者有的软件虽然可以运行在不同的操作系统上，但在不同操作系统上需要重新配置不同的插件（Plug-Ins）等等。为了避免这种情况的出现，实验人员应提前到实验室调试设备和软件，保证实验过程的顺利进行。

6.1.2　与被试的联系

在实验开始之前需要通过电话或者电子邮件等方式与被试再次确认实验的时间和地点，确保被试能够按时到达实验现场。实验的时间最好选择在正常的上班时间，例如上午 10 点到下午 6 点之间。如果迫不得已必须晚上做实验，实验人员应确保实验结束了之后实验大楼不会锁门，并且有责任和义务提醒被试在实验结束后回家的路上注意安全。

在必要的时候，可以在楼道里甚至大楼外面张贴路标以引导被试顺利地走到实验室。有的时候被试可能仅仅提前了一两分钟到了楼下，但由于实验室的房间号标注不清或者有歧义，被试花了 10 多分钟还没找到实验室而耽误了做实验。

6.2　主实验

一般来讲，主实验大概包含几个关键的步骤，包括欢迎被试、运行实验、事后检视（Debriefing）和给被试提供金钱、礼品或者附加分等补偿。

6.2.1　迎接被试

实验人员应发挥主人翁精神，让被试有种宾至如归的感觉。当被试在外面等待的时候，可以给他们倒上水、提供一份报纸或者其他材料阅读，或者是要求被试完成一些实验前需要收集信息（比如被试的年龄、性别、专业等）的问卷。此外，还确认一下当前时间来的被试是否是先前所招募并事先安排在这个时间节点来参加实验的。

在这个阶段，还有一个非常重要的事情是让被试仔细阅读知情同意书并且签字。不是每个被试都有耐心仔细阅读完知情同意书的，很多被试只会大致扫一眼然后就迅速地签字，往往会遗漏一些重要的信息，因此在必要的情况下，实验人员还需要针对实验过程中某些特定的问题对被试做出口头解释和重点强调，以使得被试真正了解即将从事的是什么样的实验。

6.2.2　与被试交谈

很多人可能并没有参加实验的先例和经验，有些被试来到实验室后会感到紧张或者局促不安，因此实验人员有必要与他们轻松交谈一会，让被试缓解紧张的情绪，确保他们在实验进行时能够保持在最好的状态。

需要注意的是，有一些实验研究可能会禁止实验人员在实验过程中给被试提供反馈信息。例如，很多关于手势的用户自定义设计实验，通常也被称为 User Elicitation Study，邀请某系统的潜在用户参加实验，然后用户在毫无任何提示的情况之下，针对某些特定任务给出他们自己认为最理想的手势行为。在这种情况下，实验人员就不能给被试任何设计意见和参考，并且这些约束条件在实验之前就应该给被试说清楚。

6.2.3　总结实验

被试做完实验后，还有几件事情需要完成，包括研究人员做事后情况说明、提供礼品或课程加分以及检查实验数据。

（1）事后检视

在很多实验中，被试都希望能够从实验中获得一些有益的信息，例如为什么要做这样的实验、实验结果是什么、研究的结论是什么。因此研究人员有义务在分析得出实验结果之后，让被试有机会能够了解这些实验的结果和实验结论。另外，如果被试在实验的过程中对某些方面产生了误解，甚至在心理或生理上受到了某种程度的伤害，比如因为长时间佩戴虚拟现实头盔（Head Mounted Device，HMD）而感到眩晕恶心，实验人员应尽最大努力帮助被试纠正那些错误的认识，并帮助被试在心理或者生理上减轻这些不同程度的伤害。

在一些西方国家，事后检视是实验计划书能够获得 IRB 批准的重要因素之一，如果计划书中没有提到事后检视或者尽管提到但是很多细节考虑不周全，也会被伦理审查委员会要求重新改正和补充。

（2）实验补偿

当被试完成实验之后，实验人员就要兑现之前的承诺，比如给被试支付一定的金钱补贴或者发放小礼品，或者与被试选修课程的任课老师联系兑现课程的附加分（Extra Points）。支付过程需要规范，被试在得到了实验补偿之后，需要签字确认。

上述流程都完成了之后，实验人员应快速将事先准备好的材料放在手边，等待下一个被试的到来。除此之外，还需要利用空闲时间，再次仔细检查实验设备，比如有的设备可能电量不足了，需要马上进行充电续航等。

（3）保存实验记录

每一个被试做完实验之后，研究人员最好仔细检查一下数据文件是否被正确命名并且被保存在正确的位置。例如，如果 EPrime 软件是非正常中止的，数据文件就不能被自动地正确地保存下来。

在两个被试交接的过程中间，也是实验人员快速对数据进行匿名处理的合适的时机。为了能够对被试进行实验补偿，通常需要记录参加了实验的被试的一些信息，例如出场顺序、被试的名字等。一旦被试完成了实验，研究人员在保存数据到硬盘的时候就可以快速把名字去掉，对数据进行匿名处理。当然，根据实验的目的不同，研究人员有时候需要保存一个被试的名字列表并将之与被试的个人数据文件建立一一映射，以防后续实验分析阶段需要根据行为数据文件来分析每个被试的行为特征。

在人机交互实验过程中，如果实验人员发现被试有些异常行为或者异常反应，最好将其记录下来。有的时候，这些行为是由一些外界因素干扰引起的奇异数据，而非被试的正常反应，因此需要在实验最后将这些数据作为异常样本剔除掉。有的时候，这些行为是被试的内在因素引起的，例如被试的一些个性化特征，这些数据将有助于研究人员更好地分析被试之间心智模型和行为特征的差异性。

6.2.4　其他要注意的问题

一个实验，尤其是涉及人机交互和认知心理学等方面的用户行为和心理方面的实验研究，其涉及的因素方方面面，作为研究人员，认真对待这些问题并事先做好预防措施，能够有效减少实验失败的风险。除了上述讨论的问题之外，还需要注意的问题包括如下三点：

（1）被试缺席

任何一个实验的参与人员都可以分为两部分，专业的实验人员和普通的被试。因为是自己的研究，实验人员通常不会缺席。但不可避免地，有时候被试由于各种各样的主/客观原因，在约定的时间没有来参加实验。有的被试可能会提前几天告诉实验人员，在这种情况之下，实验人员还有时间招募补充新的被试；有的被试会在实验开始前一两分钟发一条短信息过来说不能参加实验了；甚至有的被试连电话也不打、短信息也不发，就无缘无故不来了。这时候实验人员就会措手不及，但是又不能责怪失约的被试。因为被试完全是作为志愿者来参加实验的（尽管有时候他们会得到一定的金钱、礼物或者加分等不同形式的补偿），实验人员对此要看得开，没有权利要求被试一定得按时来参加实验。为了保证实验的实施，实验人员需要重新招募被试并且重新和新的被试约定实验时间。如果实验是同时检验一组被试的行为，而某些被试无法按时到场时，那么实验人员还必须通知其他的被试实验因故改变了时间。

（2）实验时间过长问题

有的实验时间跨度太长，比如持续好几个小时，在这种情况下又会带来一些其他问题，比如软件崩溃了、笔记本电脑没电等等。实验人员必须在实验开始前就考虑到这些潜在的可能性，并且预先做出备选方案以备不时之需。最坏的情况下，机器崩溃了，而实验人员花了半小时甚至一小时都无法修复的情况下，最好的方法就是跟被试道歉并且依旧如约给予被试金钱、礼物或者加分等形式的实验补偿。另外，实验人员还应允许被试在任何时刻退出实验，比如有的被试抱怨实验时间太长了，或者实验太无聊了，他们都有权利随时退出实验。根据实际情况，实验人员可以试图挽留一下被试，比如耐心解释一下说这个实验是有点无聊，因为被试是在做一些重复的任务，但这个正是我们实验所要度量的指标之一，看看被试在重复某些任务的条件之下的自然反应和行为表现。如果还是不能得到被试的理解和同意的话，那么实验人员不能强迫被试必须完成实验才能走，因为即使被试不情愿地完成了实验，在这种状态下所收集到的被试的数据往往也没有多大的意义。

（3）洞察被试

仅仅凭借电子设备比如录音笔或者摄像头收集用户的数据是不够的，有时候实验完成之后，实验人员与被试进行深入的交谈往往能得到更多有意义的数据。通过这种方式，实验人员可以更加深入地了解和洞察被试，比如为什么针对特定的实验任务被试会呈现某种特定的行为方式？隐含在这种行为方式背后的心智模型是什么？

6.3　章节习题

1. 主实验大概包括什么步骤？
2. 什么是用户启发式研究？
3. 在实验中如何对待用户的异常行为或反应？
4. 如何应对被试缺席的情况？
5. 为什么要进行事后检视？
6. 实验时间过长可能会导致什么结果？

第 3 部分

用户行为实验数据分析

第 7 章　统计学基础

7.1　什么是统计学

统计学（Statistics）是从统计数字中挖掘信息，尤其是处理资料中的变异性（Variation）的科学和艺术，内容包括搜集、归类、分析和解释数据，目的在于获取可靠的和有益的结果。Webster 国际大辞典（第三版）中对统计学给出的定义是"A science dealing with the collection, analysis, interpretation and presentation of mass of numerical data."（统计学是一门专门搜集、分析、解释和呈现大量统计数据的科学）。

在上述统计学定义中，变异指的是多样性和不确定性。如果所统计的数据没有变异，千篇一律，那么只需要观察任何一个个体就能"窥一斑而知全豹"，从而得到总体的分布规律。所以，如果所观察的数据没有变异，则根本不需要统计学方法。

7.2　总体与样本

统计学中所关注和研究的个体（Individual）的全部称为总体（Population）。例如，一项研究试图调查在校大学生平均每天花费在玩手机上的时间。这里所研究的对象——大学生群体就被称为总体。总体可以很大，例如全世界所有的大学生群体，也可以很小，例如限定某个具体高校的所有大一学生。总体不一定是人，也可以是动物、公司、某一类产品或者任何研究人员所感兴趣的对象。

在大多数情况下，总体是很大或者无限的，我们往往由于人力、物力或财力所限而无法对总体所包含的所有的个体信息进行全数收集并分析，例如统计全世界在校大学生每天玩手机的时间是很困难的。因此，我们提倡从总体中抽取一部分个体，通过对所抽取的这部分个体进行观察和分析来反推总体的规律性，这个抽取的过程称为抽样（Sampling），所抽取的这部分个体称为样本（Sample）。

　　图 7.1 给出了总体与样本之间的关系。

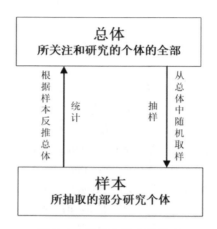

图 7.1　总体和样本的关系

7.3　变量与数据

　　通常，我们会对个体的某些内在特征或者能够影响个体本身的外部因素很感兴趣。例如，新的人机交互技术是如何影响人们的办公生活的？随着新技术的变化，人们的办公生活模式也会发生变化吗？变量（Variable）是用来度量个体特征属性的指标，对于不同的个体可以取不同的数值，例如身高、体重、性别或者个性等；变量也可以用来描述外部环境条件的变化，例如温度、时间或者做实验时房间的大小和光照条件等等。

　　为了描述变量的改变，必须对变量进行测量。每一个个体经过测量之后所得到的资料被称为数据（Datum），或者原始分数（Raw Score）。对于样本整体统一进行测量之后所得到的全部资料被称为数据集（Data

70

Set），也可以简写为 Data。

通常，我们对数据的统计分析和处理工作大致可以分为两大类，即描述性统计（Descriptive Statistics）和推论性统计（Inferential Statistics）。其中，描述性统计是指对原始数据进行总结、组织和简化的统计过程。一般情况下，原始数据会被转换为表格或者图示（例如直方图、构成图等）的方式进行描述，从而更容易看到数据的整体。推论性统计是指通过对样本的学习从而得到对总体的归纳和概括。

7.4　变量的类型

自变量（Independent Variable）是指可以被研究者控制的变量。在人机交互和用户行为相关研究中，自变量通常是由被试所要面临的两个或以上处理条件（Treatment Condition）而构成。因变量（Dependent Variable）是可观察到的用来评估处理（Treatment）所产生的效应的变量。一项实验研究通常是控制一个变量（自变量），度量另一个变量（因变量），然后评估二者之间的关系。

根据所要度量的变量的尺度和范围，我们将变量分为四种不同的种类：

（1）类别变量（Nominal Scale）

变量的不同观察值仅仅代表了不同类别的事物，如问卷调查中经常会碰到的被试对象的"性别"。需要注意的是，尽管有时候类别变量的名称是以数字形式来表达的，但这仅仅是一个编号，并非是真正意义上的数值，不同的观察值之间无法做加减乘除等数学运算。例如，我们不能说一个宾馆中的 100 号房间就比 90 号房间大，更不能简单地认为大 10 个号。当我们在将调查问卷所收集到的用户信息输入计算机时，也经常会对类别变量以数字的形式进行编码，如男性用户以 1 表示，女性用户以 0 表示。总之，类别变量中出现的数字仅仅代表名字和称呼，并不代表任何数量的差异。

（2）顺序变量（Ordinal Scale）

与类别变量相似的是，顺序变量的观察值也代表了事物的分类，但是不同的是顺序变量的观察值是有方向和前后顺序的，如比赛中的第一名、第二名、第三名等等。基于对顺序变量的度量，我们不仅可以判断两个个体是否不同，还能判断他们之间差异的方向性。但是，我们不能判断两个有差别的个体之间差异量的大小。例如，在一场赛车比赛中，我们只能判断第一名的车肯定比第二名快，但是我们并不知道第一名比第二名到底快了多少。其他类似的例子还有调查问卷人口统计中最常使用的问题"被试受教育的程度"，T恤的尺寸（小号、中号、大号）以及一门数学课的学生成绩等级（优、良、中、差）等等。顺序变量的观察值之间可以互相比较大小或者量级，但是两个观察值之间的差值却没有什么实际意义。

（3）等距变量（Interval Scale）

等距变量的观察值也代表了有序的事物，变量的观察值之间也可以比较大小，但与顺序变量不同的是，等距变量两个观察值之间的差值是有实际意义的。这里需要注意的是，在等距变量观察值中出现的零值，并非真正意义上的绝对零值。例如，我们所熟悉的温度，0度并不是没有温度，因此今天温度30度并不意味着比昨天温度15度热2倍。

（4）等比变量（Ratio Scale）

等比变量和等距变量之间的区别在于等比变量是有绝对的零点的。例如重量，100斤的物体就是比50斤的物体重2倍。等距变量观察值为0并不表示没有（例如温度），而等比变量观察值为0则就表示没有（如被试的体重、身高等）。

7.5　均值与中位数

（1）均值（Mean）

均值一般用 $\overline{X}$ 来表示。当样本资料是呈现对称分布的时候，均值能够较好地描述其平均水平，其计算公式为：

$\overline{X} = \dfrac{\sum X}{n}$ ，其中 X 为样本的观察值，n 为样本数量。

（2）中位数（Median）

当样本资料呈现中间高、两头低、对称性很差的时候，无论是正偏锋还是负偏锋，都可以采用中位数来度量其平均水平。计算中位数的时候需要考虑两种情况：

（1）将样本数据由低至高排序，当样本数量 n 为奇数时，中位数的计算公式为：

$$M = X_{\frac{n+1}{2}}$$

例如，数列 1，1，3，4，5，6，6，6，7 的中位数是 5。

（2）将样本数据由低至高排序，当样本数量 n 为偶数时，中位数的计算公式为：

$$M = \frac{1}{2}\left(X_{\frac{n}{2}} + X_{\frac{n}{2}+1}\right)$$

例如，数列 1，1，3，4，5，6，6，6 的中位数是 4.5。

因此，如果 n 是奇数，中位数一定是出现在样本数列中的某个数；如果 n 是偶数，中位数可能不在数列之中，如刚才的例子中位数是 4.5 就不在数列中；也可能是数列中的某个数，如把刚才的例子换成 1，1，3，5，5，6，6，6，那中位数 5 就出现在数列中。

7.6　样本的变异性

变异（Variation）用来描述同一样本中不同个体之间聚集在一起或者分散开的程度或者趋势。

例如，观察下面三组数据的离散状况（均数都是 30）

A 组：26，28，30，32，34

B 组：24，27，30，33，36

C 组：26，29，30，31，34

我们可以用散点图的方式画出这三组数据的分布情况（如图 7.2 所示）：

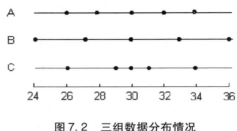

图 7.2　三组数据分布情况

以最中间的 30 这个点为参考中心，通过简单地观察，我们可以立刻得出每组数据中其他的点距离 30 这个点的偏离情况：B > A > C。所以，B 的离散程度最高，而 C 则最低。

7.7　样本的自由度

所谓的自由度，指的是样本可以自由取值的个数。对于一个样本，其均值 $\overline{X}$ 在一定程度上限制了样本的变异性计算。例如，已知两个人的平均身高为 1.7 米，那么，如果事先确定了其中一个人是姚明（2.27 米），那么另一个人的身高就只能是 1.13 米，不可能再有其他选择，否则无法计算得出均值为 1.7 米。如果事先确定其中一个人是某路人甲身高 1.8 米，那么另外一个人的身高也不能再变化，只能是 1.6 米。因此，在样本数量 n = 2 的情况下，只有一个样本的身高可以自由变化，一旦这个样本确定下来，另外一个就不能变化，自由度为 2 − 1 = 1；类似地，我们把样本扩展到 3 个人的情况，假定平均数 $\overline{X}$ = 10，那么我们可以没有限制地任意选择其中两个数，这两个数互相独立并且可以是任何一个值，比如一个是 5，一个是 8，但是一旦这个两个数固定下来，那么第三个数就没有自由变化的空间和可能性了，只能取 17，因此 n = 3 的情况，自由度就是 3 − 1 = 2。

综上所述，对于样本量为 n 的情况，样本的自由度 df = n − 1。自由度决定了样本中独立的和可以自由变化的数值的个数。

7.8 方差与标准差

除了用均值和中位数指标来反映样本的平均水平情况之外，还需要有其他的指标能够反映样本离散的程度，也就是反映样本中个体的变异程度。一个最简单的方法就是求整个样本最大值和最小值之差（也称极差）。极差较大表明个体值较为分散，变异程度较高。但是这个指标仅仅依赖样本的最大值和最小值，而样本的最大值和最小值随着样本的不同差异很大，所以这个指标并没有利用整个样本的所有个体信息，导致在实际应用中稳健性很差。

作为改进，可以将总体中每一个个体的观察值与总体平均值做差（这个差值也被称为离均差）。很显然，离均差可能为正数值也可能为负数值，再对其求绝对值则可以反映个体值之间的变异性。为了数学上描述的方便，我们用离均差平方的均值这一指标来反映个体之间的差异，这一指标被称为总体方差（Population Variance），记为 σ^2，其计算公式为：

$$\sigma^2 = \frac{\sum_{i=1}^{N}(X_i - \mu)^2}{N}$$

其中，μ 是总体均值，X_i 是样本 i 的观察值，N 是总体中包含的个体总数量。方差越大，表示个体之间的变异程度越大。

在实际应用研究中，由于受到人力、物力和财力等影响，我们往往事先难以获得总体的均值，例如我们事先并不知道全世界男性的平均身高。因此，我们选择将样本的个体与样本均值之差代替上述公式中的离均差。无数的实验证明，经过计算得到的样本的离均差的平方和总是小于经过计算得到的总体的离均差平方和。为了弥补这一缺点，在实际计算样本的方差时进行一定程度的校正，分母不再除以 N，而是除以 $N-1$，经过计算后得到样本的方差 S^2。其公式如下：

$$S^2 = \frac{\sum_{i=1}^{N}(X_i - \overline{X})^2}{N-1}$$

其中，$\overline{X}$ 是样本的均值，$N-1$ 是自由度（Degree of Freedom）。

　　方差虽然能够很好地度量个体之间的差异性，但是通过方差的计算公式可以看出，方差是经过每个个体值与样本均值做差之后的平方和再求均值得来的，因此方差的量纲是原来个体量纲的平方。例如，一组被试的平均身高是 1.70 米，而这组被试的方差经计算之后的结果为 10 平方米。平方米是一个面积的单位，而非身高的单位，这样就造成了量纲不统一，给我们对数据的理解造成一定的困难。所以，我们对方差求平方根使其量纲恢复到与原来变量统一的量纲水平。对方差求平方根之后的结果称之为标准差（SD，Standard Deviation）。与方差的原理一致，标准差越大，意味着个体之间的差异越大，因此标准差也是用来表示样本个体分布的离散趋势。

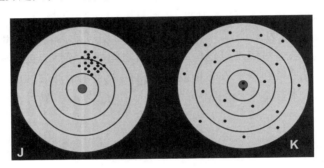

图 7.3　两个射击运动员的打靶情况

　　如图 7.3 所示，如果 J 和 K 是两个射击运动员，你会选择派哪个去参加奥运会争夺金牌呢？

　　我们不妨举个具体的例子。从 J 的打靶记录中随机抽取 5 次，分别为 8 环、8 环、8 环、8 环和 9 环。那么 J 的标准差为

$$\sqrt{(8-8)^2+(8-8)^2+(8-8)^2+(8-8)^2+(9-8)^2}=1$$

　　从 K 的打靶记录中随机抽取 5 次，分别为 6 环、7 环、8 环、9 环和 10 环。那么 K 的标准差为

$$\sqrt{(6-8)^2+(7-8)^2+(8-8)^2+(9-8)^2+(10-8)^2}\approx1.28$$

　　所以，J 的成绩更加稳定。

7.9　Z 分数

前面我们讨论了均值和标准差的概念。但是在实际应用中，仅仅知道均值和标准差是不够的，我们还需要知道整个样本的分布情况，这就用到了 Z 分数。举例来说，某课题组邀请了一组被试（50 人）使用某种新开发的交互技术来完成一组既定的游戏任务，并统计被试们完成任务所用的时间。假定现在已知其中一名被试 A 完成所有游戏任务花费了 100 秒，那么被试 A 是完成得快还是完成得慢？很明显，仅仅知道这名被试的单个时间是无法评估其在整个样本中的快慢程度的，我们还需要知道样本的其他信息。如果这 50 名被试平均所花费的时间是 110 秒，那我们知道被试 A 比平均时间快 10 秒，但仅仅有这些信息还是无法估计出 A 到底在所有被试中处于一个什么位置。因为，这 10 秒有可能已经是一个非常大的差距了，A 可能是 50 名被试中最快的了，但也可能这 10 秒仅仅是一个很小的差距，也仅仅是比平均数高一点点而已。

在这个例子中，被试 A 的 100 秒是从用户行为实验中直接观察到的原始数据，没有经过任何处理，我们无法从中估计出这个数值在整个样本分布中的位置。而 Z 分数则可以将样本的原始观察值进行转换，从而将整个样本分布标准化，标准化之后，所有的观察值在样本分布中的位置都是显而易见的。总结起来，Z 分数有两个作用：

（1）每一个 Z 分数都指明了样本的原始数据在整个分布中的位置；

（2）Z 分数构成了一个标准化分布，这样就为与其他同样也转换成为了 Z 分数的分布之间进行相互比较创造了有利条件。

下面，我们给出 Z 分数的定义：

Z 分数指出了样本中每一个观察值 X 在整个分布中的精确位置。Z 分数是有符号的，其中" + "表示观察值 X 经转换后的 Z 分数值要比平均数高，反之" – "则表示比平均数低。具体是高多少还是低多少，则使用观察值 X 到样本平均值之间有几个标准差来度量。下面给出 Z 分数的计算公式。

$$z = \frac{X - \mu}{\sigma}$$

其中，X 是观察值，μ 是均值，σ 是标准差。（$X - \mu$）是一个离差值，表明了观察值与均值之间的距离，同时也指明了符号的正负。这个离差值除以分母标准差 σ 之后，就可以得出这个距离相当于几个标准差。

有了 Z 分数的计算公式，我们再来看上例中被试 A 完成任务的时间 100 秒到底是在 50 个被试总体中算快的还是慢的。

假定，50 名被试的均值为 $\mu = 110$，标准差 $\sigma = 5$，那么对应于 $X = 100$ 的 Z 分数为：

$$z = \frac{X - \mu}{\sigma} = \frac{100 - 110}{5} = -2$$

也就是说，这个 Z 分数比平均数低了 2 个标准差的位置，换句话说就是快了 2 个标准差的时间。

到这里，我们已经说明了 Z 分数可以用来指明样本的原始数据在整个分布中的位置。接下来我们说明 Z 分数的第二个作用，即与其他的同样来自 Z 分数的分布进行相互比较。

举例来说，假定被试 A 除了参加刚才那个课题组（50 人被试）的用户行为实验之外，他/她还参加了另外一个课题组（30 人被试）的用户行为实验研究，同样也是测试任务完成的时间，结果 A 用 50 秒完成了实验任务。那么问题是，被试 A 在哪个研究中表现得更好呢？

因为被试 A 所测得的两次成绩 100 秒和 50 秒分别来自于两个不同的分布，我们无法对其直接进行比较。所以，我们必须知道两个分布的平均值和标准差。现在，我们假定第二个课题组测得的 30 人的均值为 $\mu = 60$，标准差 $\sigma = 10$，那么被试 A 的成绩 60 秒所对应的 Z 分数为：

$$z = \frac{X - \mu}{\sigma} = \frac{50 - 60}{10} = -1$$

也就是说，这个 Z 分数比平均数低了 1 个标准差的位置，换句话说就是快了 1 个标准差的时间。

因此，基于以上被试 A 所对应的两个 Z 分数，我们可以很容易判断出 A 在第一个研究中的成绩更理想，因为在第一个研究中 A 的 Z 分数比平均值快了 2 个标准差，而在第二个研究中 A 的 Z 分数只比平均值快了 1 个标准差。

最后需要指出的是，Z 分数检验很少被应用于现实生活中解决实际问题，在统计软件 SPSS 中也不包括使用 Z 分数进行假设检验。主要原因是，Z 分数检验的前提条件是必须知道总体的标准差，而这个信息是未知的，也往往恰好是研究人员想要通过实验来获得的。研究人员通常对他们所关注的样本所在总体的信息知之甚少，因此才需要通过抽样得来的样本进行实验研究，然后通过样本的信息去反推总体的信息。

7.10　概率

统计学的一个重要的任务就是通过观察到的样本情况去推断总体的情况。既然是推断，就存在一定的准确率问题。在统计学中，我们称这种问题为推断的概率 P。不失一般性，下面我们给出概率的定义。

假设某一实验的结果可能有 E_1、E_2、$\cdots E_n$ 等 n 种结局。我们分别称 E_1、$E_2 \cdots E_n$ 为事件（Event）。在一次实验中，可能出现某一事件 E 的机会大小称之为事件 E 的概率，记为 P（E）。概率的范围介于 0 和 1 之间，出现事件 E 的最小概率为 0 最大为 1。概率为 0 的事件称为不可能事件，概率为 1 的事件称为必然事件，其他介于 0 和 1 之间的事件称为随机事件。

对于任意两个事件 E_1 和 E_2，我们把在 E_1 发生了的条件下 E_2 也发生了的概率称为条件概率（Conditional Probability），记为 P（$E_2 \mid E_1$）。例如，某一个地区在天空多云的条件下下雨的概率就是一个条件概率，可以表示为 P（$Rain \mid Cloud$）。

7.11　概率分布

（1）离散型随机变量的概率函数

随机投掷一枚硬币，其结果可以视为一个变量，这个变量的取值分为正面朝上或者正面朝下。并且，正面朝上或者正面朝下各自对应的概率为：

P（正面朝上）= 0.5，P（正面朝下）= 0.5

我们把诸如此类的离散型随机变量的观察值和其对应的概率合称为概率函数（Probability Function），记为 P（x）。

（2）连续型随机变量的概率密度函数

跟离散型随机变量不同的是，对于连续型随机变量我们无法穷尽其所有的观察值。当样本量足够大时，频率密度直方图可以近似地反映其随机变量的变化趋势情况。当样本量无限增大时，描述其频率变化的直方图外沿就可以近似为一条光滑的曲线，这就是概率密度曲线。用来描述这条曲线的函数表达式，就称为概率密度函数（Probability Density Function），记为 $f(x)$。

（3）正态分布

如果连续型随机变量的频率密度直方图符合中间高、两边低并且左右对称的特点，看起来像一座耸立的山峰，则称这样的变量符合正态分布（Normal Distribution）或者高斯分布（Gaussian Distribution）。其概率密度函数为：

$$f(x) = \frac{1}{\sigma\sqrt{2\pi}}\exp\left(-\frac{(x-\mu)^2}{2\sigma^2}\right)$$

其中，μ 和 σ 分别是总体的均值和标准差，这两个参数值共同决定了一个正态分布。所以，上式可简单记作 $X \sim N$（μ，σ^2），读作服从正态分布。图7.4是正态密度函数的曲线图。

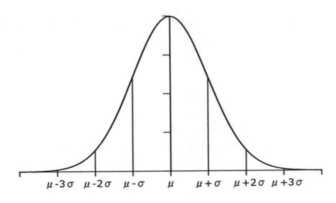

图7.4　正态密度函数曲线图

当 μ 和 σ 分别取值为 0 和 1 时，概率密度函数则变为：

$$\phi(x) = \frac{1}{\sqrt{2\pi}}\exp\left(-\frac{x^2}{2}\right)$$

这种类型的正态分布我们称之为标准正态分布，上式可简单记作 X $\sim$ N（0，1）。

7.12　描述性统计与推论性统计

统计过程大致可以分为两大类：描述性统计（Descriptive Statistics）和推论性统计（Inferential Statistics）。

描述性统计是指用于总结、组织和简化数据的统计过程。通常来说，原始数据经过计算之后以平均数的方法进行总结，或者将原始数据重新组织成表格或者图例，使得整组数据之间的关系和规律更容易被观察。

推论性统计是指根据样本的数据反推总体的规律的统计过程。因为总体的数量非常大，在实际情况下，我们往往无法获取总体的所有数据，因此我们通过在总体中随机抽样，然后通过分析样本来将研究结果推广至整个总体。

7.13　抽样误差

每一次研究中，从总体抽样产生的样本统计量与总体参数都是不同的，样本统计量和总体参数之间存在的这种由于随机抽样偶然性因素所导致的差异被称为抽样误差。例如，为了评估两种新式的人机交互技术 A 和 B 的交互效率高低，某课题组随机抽样了 60 名被试，然后将这 60 名被试随机划分为两个小组，各自使用 A 和 B 技术完成一组既定的目标任务。结果显示 30 名使用 A 技术完成任务的被试所用的平均时间为 20 秒，其余 30 名使用 B 技术完成任务所用的平均时间为 18 秒。现在，使用 B 技术比使用 A 技术完成既定任务所用的时间快了 2 秒。对这个 2 秒的差异有两种解释：一是这两种技术 A 和 B 之间确实存在差异，B 技术比 A 技术的交互效率更高；二是这两种技术之间其实没有本质的差异，这 2 秒的时间差是由偶然性/抽样误差引起来的。

描述性统计可以画图展示 A 和 B 技术的平均值、方差/标准差等显性的结果；而推论性统计的目的则就是帮助研究人员正确地解释这两个结果到底应该怎么选择，这个 2 秒的差异是否有统计学意义，可信度是多少，等等。

7.14　章节习题

1．解释什么是总体和样本以及二者之间的关系？
2．对数据的统计和分析可分为哪些类型？
3．变量可分为几种类型？
4．四种变量之前有什么区别？
5．什么是变异？
6．什么是样本的自由度？
7．什么是方差和标准差，有何意义？
8．什么是 Z 分数？
9．为什么 Z 分数检验很少被使用？
10．什么是正态分布？
11．分别解释描述性统计和推论性统计。
12．什么是抽样误差？

第 8 章　假设检验

8.1　什么是假设检验

正如前面所讲，在现实生活中我们经常无法获得总体中所有个体的观察值，因此我们通常通过收集样本的数据，然后根据统计学方法推断总体的分布情况。假设检验（Hypothesis Testing）就是这样的一个统计学过程，基于样本的数据来评估和推断关于总体的假设或猜想。

例如，假设一个总体（某一地区 A）的居民平均 IQ 为 100（$\mu = 100$，$\sigma = 10$）。现在我们随机抽样了 100 个人，测得这 100 个人的平均 IQ 为 120（$M = 120$）。那么问题来了，这些人都是来自地区 A 的居民吗？还是这些人都是来自其他的地区？我们如何来判断呢？这就是一个假设检验的问题。

8.2　假设检验的逻辑和基本步骤

对于上述居民的 IQ 问题，我们可以先假设抽样所得的样本对应的总体的居民的平均 IQ 等于 100，然后通过分析样本数据来判断样本信息是否支持这种假设，最后做出拒绝或者不拒绝这种假设的选择。一旦做出了选择，便回答了我们所关心的问题。

假设检验的一般步骤为：

（1）建立统计假设

根据问题的具体需要，对总体的均值做某种零假设（Null Hypothesis）或称之为虚拟假设 H_0（$\mu = \mu_0$），表示样本均值与总体均值之间的差异是由抽样误差引起来的，二者之间的差异没有统计学意义；对立假设则为 H_1（$\mu \neq \mu_0$），表示目前的差异不是由抽样误差引起来的，而是二者存在显著的不同。

（2）设置决策的标准

当我们的样本均值和总体均值不相等时，我们经常会问一个问题：这个差异多大程度上是由实验效应引起来的，而不是由随机抽样误差引起来的。本例中，我们的问题就是：如果 H_0 为真，我们有多大可能性得到这个均值为 120 的样本？因此，我们需要一个标准来帮助我们做出决策和判断。我们用图 8.1 来表示这样的概率事件：

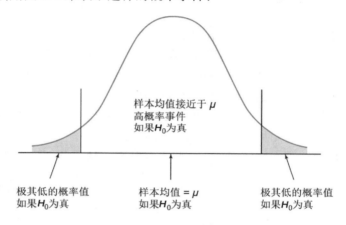

图 8.1　如果零假设 H_0 为真，样本均值的概率分布图（所有可能的结果）

我们使用水平 α（Alpha Level）来区分上图中的大概率事件和小概率事件，这个 α 水平通常也被称为显著性水平（Level of Significance）。由图 8.1 可以看出，如果零假设为真，α 水平定义了非常不可能的样本结果（在概率分布图的两侧很小的范围），因此在一般情况下，α 水平都很小，在实践中可以取 5%、1% 或者 0.1%，但通常取 5%。当 α 水平取 5% 时意味着当前所做的决策犯错误的概率小于 5%。

图 8.1 定义了极其低概率值样本的区域，我们称之为临界区（Critical Region）。换句话说，如果零假设 H_0 为真，样本值不太可能落在临界区内。如果样本值落在了临界区内，那么只能说明这个样本不太可能是从总体中抽样得来的，或许这个样本是来自于另外一个具有不同均值的总体，

因此我们需要拒绝零假设 H_0。

在实践中，我们使用 Z 值（Z-Score）来指定临界区的边界，Z 值需要通过标准正态表（Unit Normal Table）来定位具体的取值。根据具体的问题，零假设的定义决定了在查找标准正态表时是使用双边还是使用单边。如果是单边的话，上述对立假设应该为 $\mu > \mu_0$ 或者 $\mu < \mu_0$（图 8.2）。

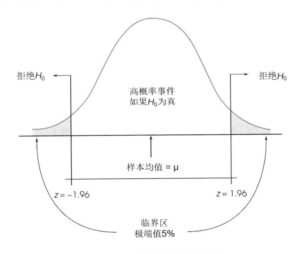

图 8.2　单边假设的情况

（3）收集数据并计算样本统计量

样本数据可以通过多种方法收集，例如通过实验的方法测试得到定量数据或者通过问卷调查的方法得到定性评估数据。在计算统计量时，需要计算样本的均值和标准差，然后计算得到相应的统计量并查找标准正态表定位 Z 值和 p 值，其中 Z 值描述了样本平均数相对于零假设 H_0 中的假设总体平均数的精确位置。

（4）基于规则和统计量做出决策，拒绝零假设还是不能拒绝零假设

根据具体问题的性质和程度来决定 α 值的取值，一般情况下我们取 $\alpha = 0.05$。根据步骤 3 查表得到的 p 值与 0.05 的大小比较结果来做出相应的决策。这时，假设检验只有两种可能的结果：拒绝原来的零假设或者不能拒绝原来的零假设。如果计算得到的 Z 值落在临界区内或者 p 值小于

0.05，那么就拒绝原假设而接受其对立假设，即样本的均值和总体的均值有显著性差异，也就是说在具体的人机交互实验中，当前的处理（Treatment）对样本产生了影响。如果计算得到的 Z 值不落在临界区内或者 p 值大于 0.05，那我们就说当前的样本计算结果无法拒绝原假设。

为了叙述方便，我们将拒绝原来的零假设 H_0 说成差别有统计学意义（Statistically Significant Difference），简称有统计学意义（Statistically Significant）。相应地，将其对立假设无法拒绝原来的零假设 H_0 说成差别无统计学意义（No Statistically Significant Difference）或者无统计学意义。

需要强调的是，零假设的对立假设是"不能拒绝原来的零假设"，而非"接受原来的零假设"。换句话说，不拒绝原来的零假设并不意味着原来的零假设就是真的成立，在实际中零假设也可能是错的，只不过是依据目前的实验条件和研究现状我们没有能力推翻原来的零假设。因此，假设检验只会产生两个结论：一是我们有足够的证据来证明实验效应是有影响的（拒绝零假设）；二是我们所收集的证据并不充分，目前尚无法证明零假设是错误的（无法拒绝零假设），我们只能说"我们的数据无力证明我们的实验处理（Treatment）对样本是有影响的"。但是，这句话反过来说就不成立了。我们并不能说"实验处理对样本没有影响"之类的话，因为实际上也可能存在影响，只是在现有的条件下我们证明不了。下面举一个法官断案的具体的例子来说明这一问题。

假设路人甲被怀疑与一宗抢劫案有关。那么法官断案时，可以有两个立场。立场 1 是假设路人甲就是罪犯，立场 2 是假设路人甲是清白的。我们先讨论立场 1，即 H_0：假设路人甲是罪犯。经过一系列调查之后，最终的结果只能有两个：

结果 1：拒绝零假设。那么法官可以说有 95% 的可能性路人甲不是罪犯，应予以释放。

结果 2：无法拒绝零假设。那么在这种情况之下，法官也不能因此就接受了零假设而认定路人甲就是罪犯。只能说我们现在证据不足，需要继续收集证据，等证据确凿的时候推翻了零假设，可以认为路人甲应该无罪释放。

我们再来分析立场 2，即 H_0：假设路人甲是清白的。跟立场 1 类似，经过一系列调查之后，最终的结果有两个：

结果 1：拒绝零假设。那么法官可以说有 95% 的可能性路人甲不是清白的，应予以抓捕。

结果 2：无法拒绝零假设。那么法官也不能因此就接受了零假设而认定路人甲就是清白的。只能说我们现在证据不足，需要继续收集证据。等证据确凿的时候推翻了零假设，可以认为路人甲有罪应该予以抓捕。

总的来说，如果实验数据无法推翻原来的零假设，那么也不能随意接受原来的零假设，认为原来的零假设是对的。对于上述法官判案的例子，如果法官站在立场 1 的角度上想，无法拒绝路人甲是罪犯的假设并不等于就接受路人甲是罪犯的假设，因为法院不能随随便便抓一个路人甲过来就说人家是罪犯，需要有足够的证据证明其有罪；站在立场 2 的角度上想，无法拒绝路人甲是清白的假设并不等于就接受路人甲是清白的假设，因为法院不能随随便便就放走一个真正的罪犯让其逃脱法律的制裁，需要有足够的证据证明其无罪后才能释放。

8.3　假设检验的不确定性和常见的错误类型

假设检验是一个推理的过程，其结论可能是正确的，也可能是错误的。总的来说，一共有四种可能出现的结果，如图 8.3 所示。

		实际情况	
		没有影响 H_0 为真	有影响 H_0 为假
实验决策	拒绝 H_0	类型 1 错误	决策正确
	无法拒绝 H_0	决策正确	类型 2 错误

图 8.3　假设检验的结果分类

从图 8.3 中可以看出，在假设检验中，可能存在两种类型的决策错误。类型 Ⅰ 错误（Type Ⅰ error）和类型Ⅱ错误（Type Ⅱ error）。

类型 Ⅰ 错误是指原来的零假设本来是成立的，但是实验结论却拒绝了这个假设；换句话说，实验处理（Treatment）本来是对样本没有影响的，但是结论却认为有影响。对研究者来说，拒绝零假设是非常诱人的，因为这意味着一个重要的科学发现，随之而带来的可能是发表了高水平的SCI论文，可能是因此顺利晋升了职称或评上了科技进步奖。但是如果犯了类型 Ⅰ 错误而仓促地拒绝了零假设，那么危害性是很大的，因为这会危害科学研究的严谨性，并且论文发表的档次越高关注的人越多，那么危害就越大。因为会有很多人追随这项研究，但如果到头来发现这个实验结论其实是错误的，那么会造成大量的人力、物力和财力的损失和浪费。为了防止在研究中犯类型 Ⅰ 错误，研究者们需要重新谨慎审视临界区（拒绝域），明确 Alpha 值所扮演的角色。Alpha 值其实就是用来度量犯类型 Ⅰ 错误的概率，所以我们要最小化犯类型 Ⅰ 错误的概率就要尽量选用小的 Alpha 值。在实践中，我们可能需要更多的研究证据，甚至有时候不可能拒绝原来的零假设。

类型Ⅱ错误是指原来的零假设本来是不成立的，但是结论却没有拒绝这个假设。换句话说，实验处理（Treatment）本来是对样本有影响的，但是结论却没有发现其有影响。相比较而言，犯类型Ⅱ错误的危害性则没有犯类型 Ⅰ 错误那么严重。实质上，犯类型Ⅱ错误就是说原本实验处理是有影响的，但是本次研究并没有发现其有影响，所以本来该拒绝但是没拒绝。这样会产生两个结果：从狭义上讲就是失去了一次个人突破的机会，可能会晚一点发文章或者晋升职称；从广义上讲，整个科学可能会因此而在一定程度上降低发展的速度，但是东方不亮西方亮，总会有人成功发现这个问题并推动科学进步的。但至少不会像犯类型 Ⅰ 错误那样严重，因为需要重复或追随研究人员所汇报的结果而导致大量的人力、物力和财力的浪费。

8.4 假设检验的方向性

假设检验有两个方向，分别为双边假设（Two-Tailed Hypothesis）和单边假设（One-Tailed Hypothesis）。

其中，双边假设是指拒绝域落在了概率分布图的双侧（如图 8.4 所示）。其零假设为样本的均值等于总体的均值。在本章开头的某地区智商研究课题中，对应的双边假设就是 H_0：$\mu_{IQ} = 100$，对立假设就是 H_1：$\mu_{IQ} \neq 100$。

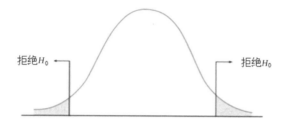

图 8.4　双边假设的情况

单边假设是指拒绝域落在概率分布图的一侧，或者左侧或者右侧。其对应的零假设为样本的均值大于等于或者小于等于总体的均值。再以某地区的智商测试为例，对应的单边假设就是 H_0：$\mu_{IQ} \leqslant 100$，对立假设就是 H_1：$\mu_{IQ} > 100$；或者 H_0：$\mu_{IQ} \geqslant 100$，对立假设就是 H_1：$\mu_{IQ} < 100$。至于零假设的方向到底是 "$\geqslant$" 还是 "$\leqslant$"，则要视具体问题和研究目标而定。

8.5　正确认识统计中的 p 值

国内学术界流传着一则有关 p 值的笑话：统计学就是个 p！英文字母 p 的读音与中文的 "屁" 同音，但是含义却大相径庭。p 值是统计学中极其重要的一个概念，但是据国外的一项调查研究发现，相当一部分人甚至是某些著名高校的教授们也无法准确地说出 p 值的真正含义。因此，本文旨在澄清关于 p 值的一些错误说法和误解，帮助读者更好地理解 p 值的含义并准确应用在人机交互和用户行为实验研究中。

我们先说一下 p 值的真正含义是什么。p 值实际上指的是经过统计计算之后得到的结果的差异是由抽样误差或者说是随机误差而产生的概率。

在前文，我们说在一般情况下 p 值小于 0.05 可以认为样本均值和总体均值之间的差异是有统计学意义的，或者说我们的实验处理是有影响的。但是，我们并不能百分之百肯定这个结论，因为这种差异也可能是由样本抽样误差引起的，但是由抽样误差产生差异的概率的可能性其实是不到百分之五的。换句话说，统计产生的差异可以用抽样误差来解释的可能性尚不及百分之五，因此我们可以有信心认为这个差异的产生与抽样误差无关，而是由实验处理引起的。

下面列举一些关于 p 值的误解。

● $p < 0.05$ 表示差异很显著，$p < 0.01$ 表示差异更加显著。

很明显，这是一个对 p 值含义的错误理解。其实，p 值的大小仅仅表示统计结果可以由抽样误差来解释的概率或者说可能性，跟差异的具体数值大小没有直接联系。

● $p > 0.05$ 表示差异不显著，所以实验处理没有起作用。

当然，这也是对于 p 值的一种错误理解。$p > 0.05$ 并不能说明实验处理就没有起作用，而是说目前已有的实验条件和技术并没有足够能力证明实验处理有作用。究其原因，可能是实验所使用的样本量太小导致无法观察出显著性差异，也可能是因为实验统计效率太过于低下等等。

在实际应用中，p 值是受样本量大小而影响的。例如，一款使用传统的键盘鼠标方式进行交互的游戏产品随机调查了 10 个玩家，结果显示，有 7 个玩家非常喜欢这款游戏。后来游戏改版升级采用了语音 + 体感的更加自然的交互方式，这一次在随机调查的 10 个游戏玩家中，有 9 个人表示非常喜欢。但是统计结果表明，这两个数据之间是没有显著性差异的（$p = 0.582$）。假设我们同等倍数地增加样本，即 10000 个玩家里面有 7000 个喜欢传统的交互方式，而升级之后 10000 个玩家里面有 9000 个喜欢新的自然交互方式，这时候比例没有变，但是样本量大大增加导致 p 值具有了统计学意义（$p < 0.001$）。因此，样本量大的时候应该更加注意统计方法的实际意义，而不仅仅只是看是否有统计学差异。

我们再举一个例子来进一步阐明这个问题。假设一个公司新研制了一款无色无味的新药，将这种药溶入水中口服后可以有效治疗焦虑症。为了验证这种新药的疗效，一名研究人员做了一个对照试验，随机抽取了 80

名患有焦虑症的男性病人平均分成两组进行测试，每组 40 名病人。其中，第一组病人口服的是没有融入药片的白开水（空白对照组），第二组病人口服的是融入了无色无味新药的白开水（实验组）。实验结束后经过测试，发现第一组中有 20 名病人觉得焦虑症有所减轻，第二组中有 35 名病人觉得焦虑症有所减轻。经过统计计算后得到 $p = 0.08 > 0.05$，所以该研究人员下结论说没有显著差异，即该药对男性病人的焦虑症治疗没有疗效。

假设这时候有第二名研究人员做了同样的对照实验，不同的是，这名研究人员随机抽取了 80 名患有焦虑症的女性病人按照 40 人一组的方式平均分成了两组进行测试。测试方法也是 40 名被试服用的是没有融入药片的纯净的白开水（对照组），另外 40 名被试服用的是融入了药片的白开水（实验组）。实验结束后得到了跟第一名研究人员同样的结论，即对照组中有 20 名被试病情有所减轻，实验组中有 35 名被试病情有所减轻。经过统计计算后同样得到 $p = 0.08 > 0.05$，所以该研究人员下结论说没有显著差异，即该药对女性病人的焦虑症治疗没有疗效。

假设这时候第三名研究人员出现了，他也用纯净的白开水和兑入了药片的白开水做了对照实验。跟前两名研究人员不同的是，这一次第三名研究人员不区分男女病人的性别而一共招募了 160 名被试，然后随机抽取 80 人作为第一组服用无药的白开水（对照组），另外 80 人作为第二组服用融入药片的白开水（实验组）。试验结束后经统计计算得出，$p = 0.01 < 0.05$，所以该研究人员下结论说有显著性差异，即该药对病人的焦虑症治疗有疗效。

读到这里，你可能会有这样的疑问：同样一种治疗焦虑症的药品，第一名研究人员的结论是对男性病人没有疗效，第二名研究人员的结论是对女性病人也没有疗效，可是第三名研究人员的结论却是对病人有疗效。这岂不是互相矛盾么？到底哪个研究人员的结论是正确的？问题到底出在哪里呢？

实际上，这是我们列举的一个样本量不足而导致 p 值不明显的一个典型案例。第一名研究人员和第二名研究人员对 p 值的解释是不对的。这两名研究人员同样得出了 $p = 0.08 > 0.05$ 的结果本身没问题，问题在于 p 值不应该这样解释"因为 p 大于 0.05，所以该药品对男性或者女性病人没有疗效"。正确的解释应该是"经过本实验处理之后，发现 p 值大于 0.05，没有统计学意义，所以我们无法拒绝原假设。换句话说，目前证据不足，我们尚无法证明该药品对男性或者女性病人有疗效"。这里需要特别注意的是，无法证明有疗效并不能就等同于证明了药品没有疗效，因为这相当于偷换了概念。通过第三名研究人员的实验我们也可以再次验证这一说法，第三名研究人员通过加大样本量就得出了具有显著性意义的 p 值，从而得出了 p 值小于 0.05，有统计学意义的结论。

通过以上例子，相信读者对 p 值有了更加深刻的认识。结合前面我们讲到的类型 I 错误和类型 II 错误，读者在实际应用中对于 p 值的理解和解释尤其要谨慎，不可以想当然地下结论。

8.6 正态性检验

8.6.1 基本概念

正态性检验是指利用所观察到的样本数来推断总体是否服从正态分布的一种检验，是统计分析中非常基础而又十分重要的拟合优度假设检验。常见的正态性检验方法包括正态概率纸法、夏皮罗韦尔克（Shapiro-Wilk Test）、柯尔莫戈罗夫检验法和偏度 – 峰度检验法等等。

8.6.2 例题及统计分析

为了从事某一项研究，某课题组在某地区随机测量了 50 名成年男性的身高，如表 8.1 所示。问该地区的男性身高是否符合正态分布？

表 8.1　某地区 50 名成年男性的身高

（单位：米）

1.73	1.68	1.73	1.74	1.70	1.68	1.75	1.70	1.72	1.72
1.72	1.73	1.74	1.70	1.74	1.76	1.74	1.70	1.78	1.76

续表8.1

1.73	1.75	1.72	1.72	1.76	1.73	1.72	1.73	1.72	1.73
1.76	1.73	1.74	1.78	1.75	1.76	1.70	1.76	1.73	1.70
1.68	1.78	1.70	1.70	1.68	1.70	1.72	1.74	1.72	1.74

（1）首先打开 SPSS 并建立数据文件，在变量视图中输入"身高"，类型为"数值型"，小数点后保留 2 位数字，将文件保存为"正态性检验.sav"。

（2）切换到数据视图中，依次点击菜单"分析—非参数检验—旧对话框—单样本 Kolmogorov-Smirnov 检验"，如图 8.5 所示。

图8.5 数据文件及菜单选择步骤

（3）在打开的对话框中，将左边矩形框中的源变量"身高"调入右边的"检验变量列表"矩形框内，然后找到左下角的"检验分布"面板，将"正态"选项（即选择正态分布检验，英文版的 SPSS 显示为 Normal 字样）前打勾，最后点击"确定"（如图 8.6 所示）。

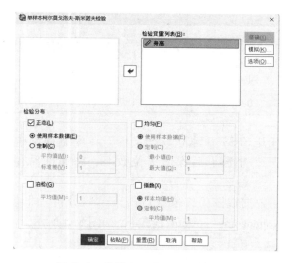

图 8.6　单样本正态性检验对话框

（4）查看结果，如图 8.7 所示。经 Kolmogorov-Smirnov 正态性检验，统计量 Kolmogorov-Smirnov $Z = 0.120$，变量"身高"的 p 值为 $0.069 > 0.05$，可以认为近似正态分布。

单样本柯尔莫戈夫-斯米诺夫检验

		身高
N		50
正态参数[a,b]	平均值	1.7280
	标准差	.02619
最极端差值	绝对	.120
	正	.118
	负	-.120
检验统计		.120
渐近显著性（双尾）[c]		.069
蒙特卡洛显著性（双尾）[d]	显著性	.069
	99% 置信区间　下限	.063
	上限	.076

a. 检验分布为正态分布。

b. 根据数据计算。

c. 里利氏显著性修正。

d. 基于 10000 蒙特卡洛样本且起始种子为 2000000 的里利氏法。

图 8.7　检验结果

如果本例中 p 值小于 0.05，则样本数据不符合正态分布。根据统计 p 值的解读，$p < 0.05$，则样本均值与总体均值有显著差异，也就是说样本的分布跟总体正态分布有显著差异；反过来，$p > 0.05$，则样本均值与总体均值没有显著差异，也就是说样本的分布跟总体正态分布没有显著差异，可以认为近似符合正态分布。

8.7　Z 检验的基本假定

下面，作为对下一章将要介绍的 t 检验铺垫，我们再来讨论一下 Z 检验的基本假定。

通常来说，Z 检验有三个基本的假定前提：

（1）已知总体的均值 μ 和标准差 σ；

（2）可以通过计算得到样本的均值 M 和标准差 SD；

（3）样本的分布来自正态分布或者近似正态分布。

但在实际应用中，我们会发现 Z 值存在一些问题，这三个假定看上去很合理但也仅仅是在理论上成立，而事实上则很难满足其条件要求。那么实际应用中究竟该选用哪种检验方法，主要参考的依据是中心极限定理。根据中心极限定理，我们有如下结论：

（1）如果总体是正态分布的，那么经过简单随机抽样后得到的样本是符合正态分布的；

（2）如果总体的正态分布情况未知，但是能够满足简单随机抽样产生 30 个以上的样本量，那么样本可以认为满足近似正态分布。

基于中心极限定理，我们可以得知在决定选用何种检验的时候，需要考虑一下样本量以及样本的正态分布情况：

（1）已知总体的标准差。

1）如果是大样本（n≥30），可以采用 Z 检验；

2）如果是小样本（n < 30），那么总体需要满足近似正态分布，才能采用 Z 检验。

（2）总体的标准差未知。实际上在很多情况下，总体的标准差恰恰是研究者们所希望探索的目标，而非已知的常量可以作为满足 Z 检验的前提假定条件。

1）如果是大样本（n≥30），并且样本是满足随机简单抽样的，那么可以用样本的标准差去估计总体的标准差，因为这时候样本的标准差是总体标准差的无偏估计，我们可以采用 Z 检验做区间估计和假设检验；

2）如果是小样本（n<30），并且满足总体近似服从正态分布，可以用样本的标准差去估计总体的标准差，那么可以采用下一章即将介绍的 t 检验做区间估计和假设检验。

8.8 假设检验的效应大小

基于前面的分析，假设检验仅仅能够给出实验处理是否产生了效应的结论，但不能确切地度量效应的绝对大小。因此，在实际的用户行为研究中，研究人员除了报告统计上是否产生显著差异，还应该同时关注效应量（Effect Size）的大小。通常，科恩（Cohen）d 值被用来测量效应的大小，其计算方法为：

$$科恩\ d\ 值 = \frac{平均数差}{标准差}$$

对于前面所介绍过的 Z 分数假设检验，这里的平均数差异就是样本平均数（实验处理之后）和最初的总体平均数（实验处理之前）的差异，也就是 $M - \mu$。在实际应用中，用科恩 d 值评估假设检验效应大小的规则如表8.2所示。

表8.2　科恩 d 值评估假设检验效应量大小的规则

d 的大小	评价效应大小
0 < d < 0.2	效应较小（平均数差异小于 0.2 个标准差）
0.2 < d < 0.8	效应中等（平均数差异约为 0.5 个标准差）
d > 0.8	效应较大（平均数差异大于 0.8 个标准差）

从上述计算公式可以看出，科恩 d 值仅仅描述实验处理效应的大小，

但无论是分子还是分母中都没有样本量这一参数，因此它不能反映出样本量大小对实验效应的影响。

8.9 假设检验的统计效能

除了效应量大小这一指标之外，还有一个指标也经常用来度量假设检验实验处理效应的大小或强度，这就是统计效能（Statistical Power）。

统计效能指的是，如果实验处理真的存在效应，那么假设检验能正确地拒绝零假设的概率，反过来也就是说效能是检验能够识别实验处理真的存在效应的概率。在实际应用中，研究人员经常依靠计算效能来决定研究是否可能会成功，因为这样研究人员就可以在开始一个研究之前先确定实验可能出现显著效应（拒绝零假设）的概率。

根据公式，假设检验的效应量增加时，样本平均数将向更远的两侧移动，因此拒绝零假设 H_0 的概率也增加了，也就是说假设检验的效能也增加了。

影响效能的因素有很多，例如样本量的大小、假设检验的效应大小、研究人员选择的 α 水平、单边还是双边检验等。其中，样本量大小与实验效能成正比关系，样本量减少时，实验效能也会随之降低；降低 α 水平同样也会降低实验效能，比如将 α 水平从 0.05 降低为 0.01，就意味着临界区域的界限也会向两侧更远端移动，因此经过实验处理之后将会有更少的样本落在临界区内，也就是说拒绝零假设的概率将降低，意味着假设检验的效能值也将降低；最后，如果将双边假设检验变为单边假设检验，则临界区域的界限将向中间方向移动和靠拢，因此会导致实验处理之后落在临界区域中的样本比例增大，最后导致假设检验的效能的增加。

8.10 章节习题

1. 假设检验的一般步骤是什么？
2. 如何建立零假设以及其对立假设？
3. 什么是显著性水平？

4. 如果样本值落在临界区内可以得出什么结论？

5. 如何依据统计量做出决策？

6. 为什么零假设的对立假设是"无法拒绝原来的零假设"，而不是"接受原来的零假设"？

7. 类型Ⅰ错误和类型Ⅱ错误分别指的是什么？

8. 如何防止犯类型Ⅰ错误？

9. p 值的含义是什么？

10. 为什么不能说 p 值越小，差异越显著？

11. 为什么不能说 p 值大于 α 值，实验处理就没有作用？

12. 什么是正态性检验？

13. 某课题组在某地区随机测量了 42 名成年男性的体重（单位：kg），如下表所示，那么该地区男性体重是否符合正态分布？

73.7	63.3	80.5	65.8	91.3	61.4
87.8	78.7	74.6	88.5	83.0	87.3
86.1	94.1	60.5	85.7	63.9	64.0
67.7	75.8	96.0	66.7	65.9	69.0
72.2	87.2	76.3	83.8	71.9	79.3
76.7	63.7	70.9	61.9	72.1	99.8
88.7	63.2	67.8	66.1	61.0	77.7

14. 实际应用中，我们应该如何选择检验方法？

15. 如何度量实验效应量的大小？

16. 什么是假设检验的统计效能？

17. 有哪些因素会影响实验的统计效能？

第 9 章　实验效度

　　实验效度指的是在多大程度上可以从实验数据中分析得到预期的实验结果。实验效度可分为内部效度（Internal Validity）、外部效度（External Validity）、构造效度（Construct Validity）和表面效度（Surface Validity）。在实践中，经常会有一些导致因变量发生变化的非受控因素，这些因素被称为效度风险，在实验中应尽量规避这些潜在的风险。

9.1　实验效度的定义

9.1.1　内部效度

　　内部效度，指的是实验最终确定了因变量的变化只是受自变量的影响，而排除了其他的不受控的因素。内部效度用来检测自变量和因变量之间的关系的确实性程度，保证实验结论的真实性。影响内部效度的因素主要包括以下七个方面：

　　（1）突发事件

　　除了实验变量之外，可能会在两次相近的度量之间发生某些特定的事件，比如电视里某条爆炸性的新闻，或者旁边某些人聊天时无意中听到的某些感兴趣的事件等等，这些都会或多或少地影响被试的心情乃至他们的行为，这些结果可能会对实验起正面的作用，也可能会起反面的作用。

　　（2）成熟度

　　被试可能会越来越有经验，越来越成熟。比如，如果一个实验中招募的被试是大一的新生，那么数月之后再次邀请这些被试参加实验的话，这些被试经过了几个月系统的课程学习后，会比之前参加实验的时候知识更加丰富、眼界更为宽广、思想也更为成熟。除此之外，实验人员还必须考虑一些其他的随着时间推移而发生的一些影响因素，例如如果一个实验经历了很长的时间，那么被试会越来越感到身心疲惫，因此从被试身上所获取的数据和有效信息的效度也会越来越弱。

（3）测试

每一次的测试都会影响后面第二次测试的分数。比如，一个旨在研究被试工作记忆的研究测试，如果做完了一次再做第二次，被试将会取得更好的分数。研究人员必须考虑这一点对实验效度所带来的影响。

（4）实验仪表装置

很多实验的仪表装置必须经常校准。有的设备对环境特别敏感，如实验环境的温度或者湿度发生变化就需要重新校准；有的设备则对位置很敏感，如 Facebook 的 Oculus Rift 以及 HTC 的头盔跟踪器（Head Mounted Display，HMD）等，一旦实验地点发生了变化，跟踪器就需要重新再校准。

（5）统计回归

在实验数据的选择和分析上也存在一定的风险。例如，如果实验人员根据高分的原则来选择被试（试图让实验结果显得好看一些），那么其所得到的实验数据很可能会不符合正态分布，这样就无法客观反映样本所在总体的趋势。

（6）选择偏见

应该避免主观上为不同的实验组有区别地选取被试。例如，根据先到先做的顺序，将先来做实验的一半数量的被试分配到第一个实验组，然后将后来做实验的另一半数量的被试分配到第二个实验组是不合理的。先来报到的被试可能是在一门课上招募到的，这些被试做实验是为了得到课程的附加分（Extra points），而后来的被试则可能是通过传单或者 Email 等在其他地方招募到的，这些被试做实验可能是为了得到小礼物。而这两组被试在专业知识背景和对实验熟悉程度等方面均可能存在很大的差异。正确的方法是将所有招募的被试随机划分为两个实验组，然后再参加实验。

（7）实验死亡率

实验死亡率（Experimental Mortality）不是指被试生理上的死亡，而是指在实验过程中被试由于各种主观或者客观的原因而中途退出，无法正常完成实验，比如有的虚拟现实实验需要被试佩戴头盔 HMD，而随着实验时间的增长，被试会感到头晕恶心而无法完成既定任务。

9.1.2 外部效度

外部效度，指的是研究设计在多大程度上能够保证其结果可以泛化到非抽样样本的人群，或者不同于实验环境的其他人群，或者不同时间的其他类似人群，简单而言就是研究结果的代表性或普遍性。外部效度用来测量实验结果是否可以推广到类似的环境或不同时间的不同人群等类似的情境中。主要包括以下四个方面：

（1）实验环节之间的交互影响

主实验之前经常会做一些预实验以发现一些潜在的实验设计或者实验流程方面存在的问题。但是，预实验也会对即将参加主实验的被试在敏感度或者反应性方面产生积极或消极的影响。有些被试会从预实验中揣摩出主实验的实验意图，从而在主实验中根据他们自己的理解有意识地突出某些他们认为正确的东西。

（2）选择偏见和实验变量带来的交互影响

有些自变量本身会对实验结果产生影响。例如，压力测试或者其他的多任务实验对老年人被试的影响比对年轻人被试的影响更大、更深一些。在这种情况之下，实验结果就无法正常泛化到更大数量的人群了。

（3）实验安排带来的影响

实验场景本身可能就会影响实验结果，使得实验结果无法泛化。比如，在一个眼动仪实验中，实验人员测试的是被试在某一面墙上张贴的某一张海报上的感兴趣区域。这个实验就具有特殊性，无法推广到其他场景中。

（4）多个实验处理之间的互相影响

如果某个被试在实验过程中被加入了多个实验处理，那么被试的输出结果可能是多个处理的共同作用，而非某一个单一的实验处理所产生的作用，因此这种情况下被试的输出结果是无效的。比如，实验人员想要测试某两种学习方法 A 和 B 对被试学习能力的提高，那么被试同时使用了两种方法学习之后，成绩确实得到了提高。但是，这时很难轻易判断出到底是 A 方法还是 B 方法起作用促使被试的成绩提高了。

9.1.3　构造效度

构造效度指的是研究人员正在度量的是否符合他们预期想要度量的。例如，如果研究人员想要度量的指标是一个学者的社会影响力，那么仅仅统计这个学者发表了多少篇学术论文是远远不够的。社会影响力是一个复杂的指标，想要度量这个指标必须从多个层面和维度上综合考虑。

9.1.4　表面效度

表面效度指的是研究人员正在度量的看上去是否像是他们试图想要度量的。比如，想要研究一个船长是如何开船的，那么让被试在实验中驾驶一艘真正的船就比让被试在实验室内驾驶一艘模拟的小船有更多的表面效度。

9.2　实验效度的风险

9.2.1　内部效度风险

（1）被试的数量

人机交互研究人员经常困惑的一个问题是，在一个实验中应该招募多少个被试？也有很多研究人员在学术论文投稿后被审稿专家质疑被试的数量不够，无法保证实验的可信度。那么，在一个实验中究竟招募多少个被试才算够？

通常来说，有两种方式可以帮助研究人员来确定被试的数量。一是通过文献阅读，查阅本领域已经发表的学术论文，尤其是在顶级会议或者顶级学术期刊上发表的论文，看其他的研究人员使用了多少个被试。例如，在查阅了近10年内的（2009～2018）有关用户个性化手势设计（Elicitation Study）的相关研究论文之后，笔者发现被试数量通常在10～30个之间。需要注意的是，不同的领域的实验研究可能需要不同数量的被试。被试的数量还取决于实验的假设以及实验预期的效度大小。例如，在人机交互研究中，每个实验处理需要20～40名被试；在认知心理学试验研究中，每个实验处理至少需要 20 个被试；在生理心理学研究中，每个实验处理可能只需要 4 名被试就够了。

另一种方法是通过计算统计功效（Statistical Power）来得到相关的被试数量，统计功效的计算适用于参数或者非参数统计方法，但是这种方法要求研究人员事先明确知道需要使用哪种统计检验的方法，到底是使用 t 检验、F 检验还是卡方检验，然后在确定预期的实验效应量（Effect Size）之后，才能计算得到相应的统计功效。这里的实验效应量指的是自变量改变之后在多大程度上影响了其对应的因变量的改变，通常我们使用标准差来度量这个值，效应量为 1 就表示平均变化了 1 个标准差。标准差越大，效应量就越大，实验结果由偶然因素所导致的可能性就越小。在实践中，研究人员可以用来计算 power 的参考资源包括 Cohen 的论著[①]以及在线的 power 计算工具 G＊Power 3.1[②]。

（2）实验者效应

当一个实验同时有两个或两个以上的实验人员的时候，不同实验人员之间会产生分歧，这种现象属于实验者效应。为了避免实验者效应，在实验过程中应该注意的事项包括：①详细记录一个实验的实验过程和每一步骤的细节，这些文档的详细记录可以被其他的实验人员应用于同一个实验，并且能够重复实验结果和结论。②严格按照既定的实验要求和过程进行实验，实验过程中不能随便篡改。例如，某实验人员为了让被试更容易地完成实验任务而擅作主张将一个实验分成了好几部分，结果被试很轻松地完成了实验，但是却导致了研究人员事先预期的很多可能的实验结果没有发生。3）避免研究期望效应。实验处理对实验人员和被试都应该是双盲的，否则如果实验人员事先知道了研究假设，那么他们在跟被试互动的过程中很可能会有意或者无意识地有一种想要拒绝原假设的冲动或者倾向，表现在实验引导或对用户行为数据的记录上，最终会导致实验结果不

---

①　Cohen，J. A power primer. Psychological Bulletin. 1992. 112，155 – 159

Cohen，J. Statistical power analysis. Current Directions in Psychological Science. 1992. 1.98 – 101.

②　http://www.gpower.hhu.de/en.html

客观公正。

（3）被试效应

被试效应更多体现在样本的选择上，需要注意的因素包括被试的种族、年龄、性别、受教育的程度、对正在参加的实验所要求使用的技术的熟悉程度等等。在实验过程中，对被试进行随机分组有助于减少符合某一部分特征的被试全部被分配到某一个实验处理中从而影响实验结果等此类问题的出现。

（4）供求特性的影响

有时候，实验效度可能会被被试对实验的预判和猜测所影响。比如，有的被试为了讨好某个实验的研究人员（这个研究人员可能是他/她的老师或者朋友），故意当一名"好被试"而提供他们所认为的正确的数据或者有意表现出来"好的"用户行为。当然，也有一些被试会向相反的方向努力，试图在客观度量结果或者主观评分等方面提供一些他们所认为的错误的数据或者用户行为。

（5）实验设备影响

有时，实验设备会对被试的行为产生很大影响。比如，在一个基于视觉的用户自定义手势设计研究中，研究人员试图发现在没有任何提示的情况之下，被试在一个交互式数字电视系统中使用的自然手势行为。那么这个实验过程中手势识别摄像头的摆放就会对被试的行为产生很多的影响。摄像头如果放在一两米开外的地方（如 Microsoft 的 Kinect），被试可能会更喜欢使用幅度更大的全身手势；而如果摄像头摆放在被试身边的沙发扶手上（如 Leap Motion），被试可能就更多地使用幅度更小的局部手势。另外有研究表明，即使是在同等距离条件下，摄像头摆放在高处（被试是仰视）和摄像头摆放在低处（被试是俯视）两种不同条件也会对被试的心理和行为产生影响。因此，在实验过程中，实验设备应该保持对所有被试都是一致的。

（6）随机和平衡

随机指的是被试的随机分组，从而最大程度上确保被试之间的差异（如性别、专业背景和实验到达的先后顺序等等）不会对自变量产生影响。如果一个实验不能使用随机分组，则会对实验结果带来很多负面影响。例如，一个测试学习效率的实验，在早上做的被试和劳累了一天下班后在晚上匆匆赶来做实验的被试所得到的结论可能是完全不同的。对大学或研究所的研究人员来说，在学期之初所招募的被试可能有更多的课外时间参加实验，从而保证实验过程中被试是认真负责的；而在学期之末所招募的被试由于受到各种期末考试的压力，可能做实验时就会三心二意，所测得的实验结果就会不那么客观。

理想情况下是使用随机取样的方法从总体中选取最有代表性的一组样本进行实验。但是在实际过程中，真正做到随机取样是非常困难的。因此研究人员应尽量事先做好计划，在招募被试的时候尽量做到将偏见和差异最小化。比如，使用对重平衡（Counterbalance）的方法将男性被试和女性被试等比例地分配到两个实验处理组中从而消除性别差异。随机取样的方法很多，如可以通过 Excel 表或者 E-Prime 软件产生随机序列从而让被试随机分配到不同的实验处理组中。

随机和平衡不仅仅应用于被试，也可以应用于实验刺激或者实验处理的条件。比如，为了评估鼠标和裸手手势在一款新的游戏软件中的交互效率，研究人员就需要使用 Counterbalance 的技术让被试交替使用鼠标和手势完成既定的一组任务。假设有 20 个被试，那么经过 Counterbalance 之后，有 10 个被试先使用鼠标后使用手势，另外 10 个被试先使用手势再使用鼠标。因为鼠标是基于接触性交互的精确输入设备，完成一套既定交互任务的时间理论上会比较快，而手势属于基于非接触性交互的模糊输入交互技术，完成任务的时间可能会比较慢。但如果 20 个被试全部都是先鼠标后手势的话，可能会因为在前期使用鼠标完成任务的过程中积累了很多经验，从而使得被试在使用手势完成任务的时候对任务的熟悉度大大增加而导致整个任务完成时间缩短了，最后使得原本有差异的两种交互技术变成没有显著差异。

（7）中止或放弃实验任务

实验过程中，被试总是会出现各种各样的情况。比如，实验人员在身边的时候，被试会认认真真地完成既定的实验操作或者填写主观调查问卷。但是如果实验人员临时走开，那么被试可能会中止实验操作或者停止填写问卷而休息一下或者干点别的。为了避免无法预料的各种可能因素，最好的办法就是缩短实验时间让被试快速、高效地完成实验任务。在一些手势设计实验中，经常需要被试大声说出来（Think-Aloud）他们设计某些手势的理由，有时候被试会不自觉地停止讲话，或者有时候就会跑题说一些与实验无关的话题，这时实验人员需要提醒被试保持 Think-Aloud 并将注意力集中在实验任务上。

如果被试确实感觉不适想要完全退出实验，那么实验人员不应再软磨硬泡地劝说被试完成实验，否则会导致伦理问题。并且，强制一个非情愿的被试留下来做实验也会大大增加产生无法预料的错误数据的概率。

9.2.2 外部效度风险

有时候研究人员发现实验得到了很高的内部效度，但令人失望的是，外部效度却低得可怜，也就是说实验结果无法泛化应用到其他场景或者条件下。引起这种结果的原因有很多，比如有很多实验是在实验室条件下完成的，但是到了现实场景中，因为外部条件和其他干扰因素的影响而使得环境变量变得更为复杂，研究人员难以重复实验结果。再如，大多高校研究人员招募在校大学生充当实验被试，而大学生这一群体无论在年龄、专业背景还是心智和体力上都有一定的特殊性，当研究对象面对更加普通的群体甚至老年人、残疾人或者儿童的时候，某些研究结果往往也无法得到重现。以下是引起外部效度消减的一些因素。

（1）实验任务的保真度

通常，HCI 和其他的行为学实验中的目标实验任务很多都是为了能够捕获用户在现实生活中最真实的动作行为数据，比如一个 App 的界面如何设计才能更大程度上吸引用户的注意力等等。为了能够有效地控制变量，在实验室做实验时有时候又不得不简化实验场景以保证实验的内部效度，这样虽然用户更易于完成任务，实验人员也能更加有效地控制实验变量，但是简化版的实验场景往往不能体现真实世界的关键特征，因此无法有效保障实验结果的泛化。一个实验场景下的交互任务能够在多大程度上模拟真实场景下的交互任务，被称为实验任务的保真度（Fidelity）。

有时候，实验任务的保真度可以通过使用高保真的实验设备来达到。比如，为了测试一个基于视觉手势的车载导航系统的可用性，研究人员为被试配置了高保真的汽车模拟驾驶系统，包括驾驶模拟器、仪表盘、方向盘、手刹、离合器、高清显示器以及专业的驾驶模拟软件等等，使用这套设备就比邀请用户坐在椅子上观看一台电脑上的驾驶软件效果好得多。其他类似的应用还有基于 HMD 的虚拟现实应用，用户佩戴上 Oculus 或者 HTC 等专业的 VR 头盔显示器之后可以体验到更加逼真的虚拟场景和 3D 对象。当然，这些设备价格比较昂贵，使用起来也较为复杂。

对普通的研究人员来说，并非总有机会使用诸如汽车模拟驾驶系统或者 VR 头盔显示器这样的专业设备，那么研究人员要保证被试的心理保真度，也就是说实验任务需要能够在最大程度上体现出被试在真实世界场景下的心理行为变化，比如需要保证实验情景是有代表性的，在实验场景下对被试的实验要求和他们所能利用的信息是符合真实情境的等。例如，在一个有关记忆测试的实验中，有的研究人员为了更好地控制变量，给被试提供的记忆材料都是毫无意义的单词，以为这样能够避免先验学习所带来的负面影响。殊不知，在真实世界中，人们总是利用联想功能将所学材料与已有的先验知识联系起来记忆材料。因此，这样的研究可能会获得很好的结果，也可以重复实验，但是其泛化能力就很弱，因为无法应用在现实生活中。

（2）实验样本的代表性

前面曾经讲过随机取样的重要性。一个研究中招募的被试最好是一个有代表性的样本，能够最大程度地反映总体的规律和趋势。在西方很多国家，认知心理学实验经常被人诟病，主要原因就是样本大都是从在校大学生中招募的，尽管实验结果有助于分析一些最基本的实验过程，但是当把实验结果应用于现实生活中就会显得捉襟见肘。比如，大学生群体中用的得心应手的那些手机 App 软件对老年人来说就很难使用。在实际的应用中，这些问题都值得研究人员认真考虑。因此想要泛化实验结果，有必要选择更加宽泛的样本群体。

9.3　章节习题

1．什么是实验效度？

2. 什么是内部效度？

3. 内部效度有什么影响因素？

4. 什么是外部效度？

5. 外部效度有什么影响因素？

6. 什么是构造效度？

7. 什么是表面效度？

8. 内部效度风险可能由哪些因素引起？

9. 如何避免实验者效应？

10. 在实验中如何应用随机与平衡原则？

11. 如何规避外部效度风险？

第 10 章　t 检验

尽管前面讲过了 Z 分数，但是在实际应用中 Z 分数却不能被直接用来进行假设检验，因为 Z 分数的公式要求事先知道更多的信息，例如需要事先知道总体的标准差信息。在大多数情况下，总体的标准差是未知的，在这种情况下就不能计算假设检验的 Z 分数。但是，我们可以用样本的数据估计总体的标准差，并计算出一种在结构上和 Z 分数相似的检验统计量，这种新的检验统计量就是本章要介绍的 t 分数，或称之为 t 检验。t 分数和 Z 分数之间最基本的差别是：t 分数用样本的方差（S^2）来计算，而 Z 分数则必须用总体的方差（σ^2）来计算。

t 检验可以分为三种方法，分别为单样本 t 检验（One Sample t Test）、两组配对样本 t 检验（Paired-Samples t Test）和两组独立样本 t 检验（Independent-Samples t Test）。这三种 t 检验的先决条件都是样本中的数值必须包含互相独立的观察，并且样本数据需要服从正态分布或者近似正态分布，其中两组独立样本 t 检验还额外要求两组样本的方差满足齐性要求，如果方差不齐，则需要进行校正。

正态分布对于 t 检验来说是必要的条件之一，尤其是当样本量比较小的时候，一个正态总体分布是非常重要的。当然，当样本量比较大的时候，违反正态分布的假设对 t 分数所得到的结果的实际影响也不大，不会影响到假设检验的信度。因此，当研究人员不能够证明总体是正态分布时，用一个比较大的样本会比较合理。

10.1　单样本 t 检验

10.1.1　基本概念

单样本 t 检验是指被检验样本的均值 $\overline{X}$ 与某个已知的或者固定的总体

均值 μ 之间的比较，一般情况下这个 μ 是理论值或者经过大量观察之后为大众所公认的经验值。

单样本 t 检验的先决条件是被检验的样本数据服从正态分布或者近似符合正态分布。

10.1.2　例题及统计分析

假设根据国家统计局发布的数据，16 岁男性平均身高为 1.72 米。某课题组在南方某地区随机抽取了 50 名男性，经测量后得到的数据如表 10.1 所示。现在的问题是，这个地区 16 岁男性的平均身高与国家统计局给出的数据 1.72 米是否有本质不同？

表 10.1　某地区 50 名成年男性的身高

（单位：米）

1.73	1.68	1.73	1.74	1.70	1.68	1.75	1.70	1.72	1.72
1.72	1.73	1.74	1.70	1.74	1.76	1.74	1.70	1.78	1.76
1.73	1.75	1.72	1.72	1.76	1.73	1.72	1.73	1.72	1.73
1.76	1.73	1.74	1.78	1.75	1.76	1.70	1.76	1.73	1.70
1.68	1.78	1.70	1.70	1.68	1.70	1.72	1.74	1.72	1.74

（1）建立检验假设

$H_0: \mu = 1.72$，$H_1: \mu \neq 1.72$，$\alpha = 0.05$

（2）打开 SPSS 并建立数据文件，在变量视图中输入"身高"，类型为"数值型"，小数点后保留 2 位数字，将文件保存为"单样本 t 检验. sav"。

（3）利用第 8 章所介绍的正态性检验方法对该组样本数据做正态分布检验，结果显示 p 值是 0.069，因为 0.069 ＞ 0.05，所以我们可以认为该组样本符合近似正态分布。

（4）在数据视图中，依次选择"分析—比较平均值和比例—单样本 t 检验"，如图 10.1 所示。

图 10.1　数据文件及菜单选择步骤

（5）在打开的对话框中，将左边矩形框中的源变量"身高"调入右边的"检验变量列表"矩形框内，然后在下面的"检验值"面板中输入检验值"1.72"，最后点击"确定"（如图 10.2 所示）。

图 10.2　单样本 t 检验对话框

（6）查看结果，如图 10.3 所示。

单样本统计

	N	均值	标准差	标准误差平均值
身高	50	1.7280	.02619	.00370

单样本检验

			检验值 = 1.72				
			显著性			差值 95% 置信区间	
	t	自由度	单侧 P	双侧 P	平均值差值	下限	上限
身高	2.160	49	.018	.036	.00800	.0006	.0154

图 10.3　单样本 t 检验结果

（7）决策与结论。从图 10.3 中可以看出，$t = 2.160$，$p = 0.036 < 0.05$，所以有统计学差异，我们拒绝原假设 $\mu = 1.72$，接受对立假设 H_1：$\mu \neq 1.72$。再来比较一下均值，可以发现样本的均值 1.7280 大于总体的均值 1.72，所以该地区 16 岁男性平均身高是明显高于统计局给出的 16 岁男性平均身高的。

10.2　两组配对样本比较 t 检验

10.2.1　基本概念

两配对样本 t 检验是指根据两配对样本的均值数据对两配对总体的均值数据之间是否有显著差异进行推断。

两配对样本 t 检验必须满足两个条件：一是样本要满足正态分布，二是两组样本是配对的（数量一样，顺序也不能变）。配对样本有三种情况：1）将同一份样本分成两半，然后各自用不同的处理方法（Treatment）来测试，例如医学实验中的血液样本。2）自身的比较，同一个样本在同一个处理之前和之后的对比分析。需要注意的是，在处置前后的过程中，应该控制其他因素的变化，并且处理周期不宜过长。例如，同一组被试用了某种新的交互技术后工作效率是否有显著提升。3）将某些因素相同的样本组成配对组。例如，某项研究调查夫妻之间的收入水平是否有显著差异。

10.2.2　例题及统计分析

为了测试一种新的治疗方法是否会对游戏上瘾者有疗效，某课题组特地招募了 12 名被试，测其治疗前后每天花在游戏上的时间，如表 10.2 所示。问，该疗法是否有助于明显缩减游戏成瘾者每天所花费的游戏时间？

表 10.2　游戏成瘾者每天打游戏所花时间

（单位：小时）

	1	2	3	4	5	6	7	8	9	10	11	12
治疗前	16.2	16	15.1	14.8	12.6	13.5	14.2	13.9	13.7	14.7	13.1	15.3
治疗后	12.4	16.1	16.1	14.7	13.9	12.3	13.7	12.9	13.6	14.3	15.3	15.9

（1）建立检验假设

H_0：$\mu_{治疗前} = \mu_{治疗后}$，H_1：$\mu_{治疗前} \neq \mu_{治疗后}$，$\alpha = 0.05$

（2）首先打开 SPSS 并建立数据文件，在变量视图中输入"治疗前"和"治疗后"，类型为"数值型"，小数点后保留 1 位数字，将文件保存为"配对样本 t 检验. sav"。

（3）利用第 8 章所介绍的正态性检验方法对两组样本数据进行正态分布检验，结果治疗前和治疗后的 p 值都是 0.2，因为 $0.2 > 0.05$，所以我们可以认为两组数据都近似正态分布。

（4）切换到数据视图中，依次点击"分析—比较平均值和比例—成对样本 t 检验"，如图 10.4 所示。

图 10.4　数据文件及菜单选择步骤

（5）在打开的对话框中，将左边矩形框中的源变量"治疗前"和"治疗后"分别调入右边的"成对变量"矩形框内同一行上（如图 10.5 所示），然后点击"确定"。

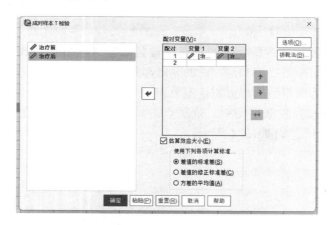

图 10.5　配对样本 t 检验对话框

（6）查看结果，如图 10.6 所示。

成对样本统计

		均值	N	标准差	标准误差平均值
配对 1	治疗前	14.425	12	1.1226	.3241
	治疗后	14.267	12	1.3740	.3966

成对样本相关性

		N	相关性	显著性 单侧 P	双侧 P
配对 1	治疗前 & 治疗后	12	.286	.183	.367

成对样本检验

		配对差值 均值	标准差	标准误差平均值	差值 95% 置信区间 下限	上限	t	自由度	显著性 单侧 P	双侧 P
配对 1	治疗前 - 治疗后	.1583	1.5048	.4344	-.7978	1.1144	.364	11	.361	.722

图 10.6　配对样本 t 检验结果

（7）决策与结论。从图 10.6 中可以看出，$t = 0.364$，$p = 0.722 > 0.05$，所以没有统计学差异，我们无法拒绝原假设 $H_0: \mu_{治疗前} = \mu_{治疗后}$，也就是说，我们无法证明这种治疗方法明显缩短游戏成瘾者每天花费在玩游戏上的时间。

10.3　两组独立样本比较 t 检验

10.3.1　基本概念

两独立样本 t 检验是指根据两组独立样本的均值数据对两独立总体的均值数据之间是否有显著差异进行推断。

两独立样本 t 检验必须满足 3 个条件：一是样本要满足正态分布；二是两组样本是独立的，与配对样本相比两组独立样本的数量可以彼此不同，顺序也可以彼此不同；三是两组独立样本的方差必须满足齐性要求。方差齐性检验（Homogeneity of Variance Test）是统计学中检查不同样本所对应的总体方差是否相同的一种检验方法。

那为什么两组独立样本 t 检验比两组配对样本 t 检验多了一个方差齐性检验的条件呢？方差齐性检验在这里有什么意义？试想一下，想要比较两组数据或者两个分布是否显著差异，在两组数据都符合正态分布的前提条件下，根据正态分布函数，我们就只剩下比较均值和方差了，如果方差满足了齐性要求，再去比较均值，这时候如果均值差异也不大，那么我们可以得出这两组数据/两个分布的差异不明显的结论了。但是，如果不限定方差齐性的前提条件，单纯比较均值是无法得出这样的结论的。

10.3.2　例题及统计分析

某课题组新开发了一个手势交互系统，为了与传统鼠标交互技术进行对比，该课题组招募了 24 名被试，并随机划分成两个数量相等的小组，每组各 12 人。两组被试各自使用鼠标和手势完成同样的指定任务，所需时间如表 10.3 所示。问：手势和鼠标相比，是否缩短了完成任务的时间？

表 10.3　两种不同技术完成任务所花时间

（单位：秒）

编号	鼠标	编号	手势
1	55	1	43
2	45	2	45
3	53	3	46
4	57	4	48
5	56	5	38
6	60	6	51
7	58	7	46
8	53	8	48
9	51	9	42
10	45	10	56
11	52	11	38

续表 10.3

编号	鼠标	编号	手势
12	57	12	41

（1）建立检验假设

$H_0: \mu_{手势} = \mu_{鼠标}$，$H_1: \mu_{手势} \neq \mu_{鼠标}$，$\alpha = 0.05$

（2）打开 SPSS，切换到"变量视图"，在里面分别输入"交互技术"和"所用时间"两个变量，并分别设置小数点后保留 0 位数字。接下来，打开"交互技术"变量所对应的字段"值"，在打开的"值标签"对话框中，分别为"鼠标"和"手势"设置标签"1"和"2"，如图 10.7所示。

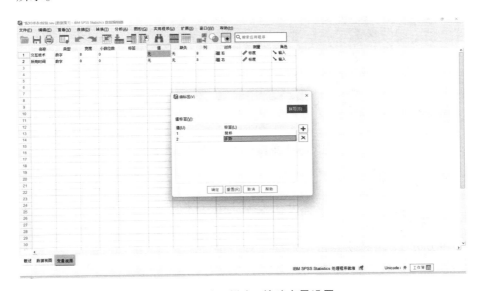

图 10.7　独立样本 t 检验变量设置

（3）切换到"数据视图"，按照前 12 个为"1"后 12 个为"2"的顺序依次为鼠标和手势两种技术输入具体的数据，保存文件为"独立样本 t 检验.sav"。

（4）按照第 8 章中所介绍的正态性检验方法，为两组数据进行正态性检验，结果为"鼠标"和"手势"所对应的 p 值都是 0.2 ＞ 0.05，所以我们可以认为符合近似正态分布。下面，依次点击"分析—比较平均值和比例—独立样本 t 检验"，如图 10.8 所示。

图 10.8　数据文件及菜单选择步骤

（5）在打开的对话框中，将左侧的"所用时间"和"分组技术"分别选入"校验变量"和"分组变量"中，并点击"分组变量"，调出"定义组"对话框，为"组 1"和"组 2"依次指定数值 1 和 2（如图 10.9 所示），并依次点击"继续"和"确定"。

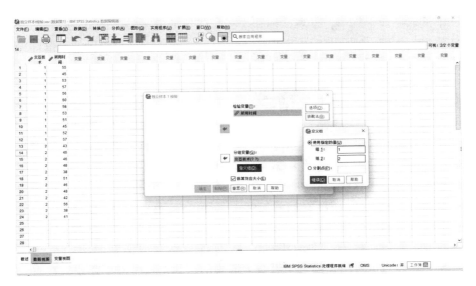

图 10.9　独立样本 t 检验对话框

（6）查看结果，如图 10.10 所示。

组统计

	交互技术	N	均值	标准差	标准误差平均值
所用时间	鼠标	12	53.50	4.758	1.373
	手势	12	45.17	5.254	1.517

独立样本检验

		莱文方差等同性检验		平均值等同性 t 检验						差值 95% 置信区间	
						显著性					
		F	显著性	t	自由度	单侧 P	双侧 P	平均值差值	标准误差差值	下限	上限
所用时间	假定等方差	.074	.789	4.073	22	<.001	<.001	8.333	2.046	4.090	12.577
	不假定等方差			4.073	21.787	<.001	<.001	8.333	2.046	4.087	12.579

图 10.10　独立样本 t 检验结果

（7）决策与结论。首先，在方差相等性检验字段中读取，$p = 0.789 > 0.05$，所以方差满足齐性要求。接下来在平均值相等性的 t 检验字段中，读取 $F = .074$，$p = 0.001 < 0.05$，所以有统计学差异，我们拒绝原假设 $H_0: \mu_{手势} = \mu_{鼠标}$，接受其对立假设 $H_1: \mu_{手势} \neq \mu_{鼠标}$。接着，在描述性统

119

计中读取字段平均值，发现鼠标和手势完成任务的平均时间分别为53.50秒和45.17秒，所以我们可以得出手势完成任务所需时间明显少于鼠标完成任务所需时间，即手势比鼠标快。

10.4　汇报 t 检验的结果

先汇报描述性的结果，例如均值、标准差等。再汇报推论性的结果，例如 t 值、p 值等。下面是一反一正两个案例。

不推荐方案：统计分析表明，相对于没有卡通画的房间，孩子们更喜欢待在有卡通画的房间，$t(8) = 3.00$，$p < 0.05$。孩子们平均花费了 36 分钟待在有卡通画的房间，$SD = 6.00$。

推荐方案：孩子们平均花费了 36 分钟待在有卡通画的房间，$SD = 6.00$。统计分析表明，相对于没有卡通画的房间，孩子们更喜欢待在有卡通画的房间，$t(8) = 3.00$，$p < 0.05$。

10.5　t 检验中效应大小的度量

前面我们讨论过一个假设检验仅仅能够给出实验处理的效应是否比偶然引起的效应大的推论，但是并不能够真正地度量实验处理效应量的大小。因此，在报告假设检验的结果的同时，很多研究人员也倾向于一并报告效应的大小，比如科恩 d 值。

理论上来讲，科恩 d 值 $= \dfrac{平均数差}{标准差}$。对于前面所介绍过的 Z 分数假设检验，这里的平均数差异就是样本平均数（实验处理之后）和最初的总体平均数（实验处理之前）的差异，也就是 $M - \mu$，标准差就是总体标准差。但在大多数情况下，总体标准差是未知的，所以在实际应用中，我们通常使用估计的数值，也就是用样本的标准差来代替总体的标准值。于是，估计科恩 d 值的计算公式就变为：

$$估计的科恩\ d\ 值 = \frac{平均数差}{校本标准差}$$

基于这个公式算出估计的科恩 d 值，再对照前面所介绍的科恩 d 值评估假设检验效应量大小的规则，就可以估计一个假设检验效应量的大小。

10.6　章节习题

1. 相比 Z 分数检验，t 检验的优势是什么？

2. t 检验可以分为哪几种方法？

3. 什么是单样本 t 检验？

4. 根据 Mobile Quest 的调查，中国成年人平均每天使用手机的时间约为 6 小时。现在某地区随机抽取 40 名被试，经过调查可以得到数据如下表所示。请检验这个地区的成年人每天使用手机平均时长是否为 6 小时。

6.31	4.17	6.12	4.53	13.47
10.79	5.22	9.30	3.38	3.72
7.60	11.90	4.32	7.81	9.10
7.64	3.84	1.35	5.60	2.60
3.68	3.64	8.71	5.45	9.70
8.61	9.20	5.22	7.54	8.91
2.02	3.39	9.78	6.28	1.62
6.83	6.64	6.12	3.50	6.31

5. 什么是两组配对样本比较 t 检验？

6. 两组配对样本 t 检验需要满足什么前提条件？

7. 某英语学习 App 计划推出新版本，对界面布局、导航等做了调整。该公司想测试新版本是否相对于旧版本更具优势，于是招募了 12 名被试进行新旧版本进行可用性测试，并采用 SUS 量表让用户进行打分，汇总结果如下表所示，该公司想通过测试确定新版本是否能提供更好的用户体验。

| 旧版本 | 67.5 | 82.5 | 65.0 | 72.5 | 90.0 | 75.0 | 82.5 | 80.0 | 67.5 | 77.5 | 65.0 | 72.5 |
| 新版本 | 82.5 | 87.5 | 75.0 | 92.5 | 75.0 | 87.5 | 90.0 | 85.0 | 72.5 | 87.5 | 87.5 | 80.0 |

8. 什么是两独立样本 t 检验？

9. 两独立样本 t 检验需要满足什么条件？

10. 为什么两独立样本 t 检验必须两组样本方差满足齐性要求？

11. 为了测试两种打字软件对打字初学者效果是否相同，现在招募了 30 名打字初学者，将他们随机分为两组，每组 15 人，分别使用打字软件 A 和 B 训练一小时之后再测每分钟能够打多少字，数据如下表所示：

| A | 65 | 45 | 55 | 40 | 34 | 46 | 40 | 30 | 34 | 47 | 39 | 37 | 54 | 48 | 49 |
| B | 42 | 56 | 48 | 37 | 50 | 39 | 42 | 42 | 39 | 46 | 35 | 48 | 34 | 47 | 60 |

12. 汇报 t 检验结果时应该注意什么？

13. t 检验中效应大小用什么度量？

第 11 章　方差分析

方差分析又称为变异数分析，简写为 ANOVA（Analysis of Variance），因其由英国统计学家 Fisher 首先提出来，因此也经常把它称为 F 检验。

方差分析有两个用途，一是用来检验是否满足两组独立样本 t 检验的先决条件之一，方差齐性检验；二是作为三组（含）以上样本的显著性检验方法。当待检验对象是三组（含）以上样本时，我们不能简单地用多次 t 检验来做显著性分析，因为这会增大类型 I 错误出现的概率，只能使用 F 检验。

F 检验的先决条件：一是各组样本的观察值需要满足正态分布或者近似正态分布，二是各组样本的观察值之间的方差满足齐性要求。

在方差分析中，用来表示在不同组之间比较差异的变量（自变量）称之为因素（Factor）。组成一个因素的各个条件或者是数值称为这个因素的不同水平（Level）。

11.1　单因素方差分析

11.1.1　基本概念

单因素方差分析（One-way ANOVA）是把总的变异分解为组内的变异（Within-Treatment）和组间的变异（Between-Treatment）两大部分，即

$$SS_{总} = SS_{组间} + SS_{组内}$$

单因素方差分析可分为独立测量（Independent-Measures）方差分析和重复测量（Repeated-Measures）方差分析两大类。其中，独立测量方差分析是实验处理作用于不同组（3 组及以上）的样本上并进行独立观察，然后分析实验处理是否产生了效应。其 F 值计算公式为：

$$F = \frac{实验处理效应 + 个体差异 + 其他实验误差}{个体差异 + 其他实验误差}$$

重复测量方差分析则是指同一样本经过了多次（3 次及以上）不同的实验处理条件之后得到了多组观察值，然后分析不同处理条件是否产生了效应。其 F 值计算公式为：

$$F = \frac{实验处理效应 + 其他实验误差}{其他实验误差}$$

与独立测量方差分析相比，重复测量方差分析是实验处理作用在同一样本基础上的多次重复测量，因此在计算公式的分子中就少了样本个体差异这一要素。

11.1.2　独立测量方差分析例题及统计分析

现在有 10 名被试，分别使用鼠标、触屏手势（Multi-Touch Gesture）和空中手势（In-Air Gesture）三种技术完成同一个交互任务，所用时间如表 11.1 所示。问：这三种技术之间有无显著差异？

表 11.1　三种技术完成任务所花的时间

（单位：秒）

鼠标	触屏手势	空中手势
236	257	258
233	255	256
238	253	264
240	250	266
245	255	259
242	257	257
245	254	267
241	256	269
243	261	262

续表 11.1

鼠标	触屏手势	空中手势
240	263	260

（1）建立检验假设

H_0：$\mu_{鼠标} = \mu_{触屏手势} = \mu_{空中手势}$，$H_1$：三种技术所耗时间不全相等，$\alpha = 0.05$

（2）打开 SPSS，切换到"变量视图"，在里面分别输入"交互技术"和"时间"两个变量，并分别设置小数点后保留 0 位数字。接下来，打开"交互技术"变量所对应的字段"值"，在打开的"值标签"对话框中，分别为"鼠标""触屏手势"和"空中手势"赋值为"1""2"和"3"，如图 11.1 所示。

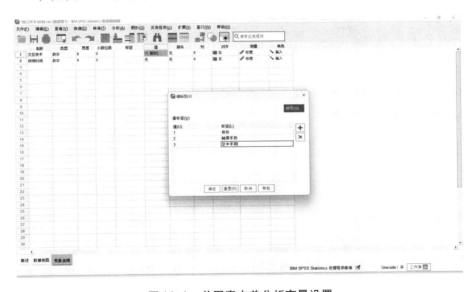

图 11.1　单因素方差分析变量设置

（3）切换到"数据视图"，按照前 10 个为"1"，中间 10 个为"2"，后 10 个为"3"的顺序依次为鼠标、触屏手势和空中手势三种技术输入具体的数据如图 11.2 所示，保存数据文件为"单因素方差分析. sav"。

（4）按照第 8 章中所介绍的正态性检验方法，为三组数据进行正态性检验，结果为"鼠标""触屏手势"和"空中手势"所对应的 p 值都是 $0.2 > 0.05$，所以我们可以认为近似正态分布。下面，依次点击"分析—比较平均值和比例—单因素 ANOVA 检验"，如图 11.2 所示。

图 11.2　数据文件及菜单选择步骤

（5）在打开的对话框中，将左侧的"时间"和"交互技术"分别选入"因变量列表"和"因子"中，点击"选项"按钮，勾选"描述性"和"方差齐性检验"两个选项。这里需要注意的是，在本例中方差是满足齐性要求的。如果在实际应用中，方差不满足齐性要求，则需要继续勾选"Brown-Forsythe（布朗－福赛斯检验）"或者"Welch（韦尔奇检验）"其中的一种方法，对组内方差和自由度进行校正（如图 11.3 所示）。

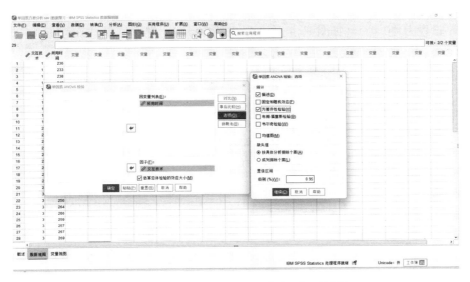

图 11.3　单因素方差分析"选项"对话框

下一步，点击"事后比较"。在弹出的对话框"假定等方差"面板中，我们可以看到有很多选项。其中，"图基"检验是一种在用户行为研究中常用的检验方法，它可以计算出不同组之间的差异达到显著性水平时所需要的最小数值，这个值也被称之为忠实显著性差异或者 HSD，可用于比较任意两个处理条件。

Scheffe（雪费）检验是一种能够最大程度上降低类型 Ⅰ 误差的更加谨慎的方法，也可能是一种最安全的事后比较方法。为了达到这个目的，在可以得出存在显著性差异的结论之前，Scheffe（雪费）检验需要更大的样本平均数差。因此，对于同一个假设检验，根据 Tukey（图基）计算出来的结果不同处理之间的差异可能已经大的足够显著了，但是根据 Scheffe（雪费）检验的结果，同样的这个差异值却可能达不到显著性水平，主要原因是 Scheffe（雪费）检验额外要求更多的证据。正因为如此，也会导致产生类型 Ⅰ 误差的概率大大降低。

本例中，我们使用最常用的"图基"检验，勾选"图基"前面的方框，最后在"原假设检验"选择"指定用于事后检验的显著性水平"，将显著性水平设置为"0.05"（如图 11.4 所示），并依次点击"继续"和"确定"。

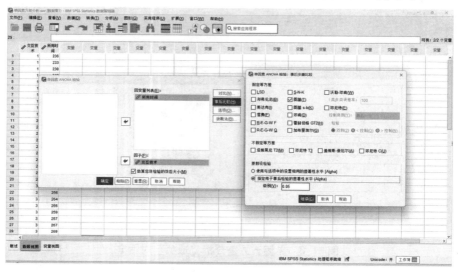

图 11.4　单因素方差分析"事后比较"对话框

（6）查看结果，如图 11.5 所示。

ANOVA

所用时间

	平方和	自由度	均方	F	显著性
组间	2481.267	2	1240.633	75.683	<.001
组内	442.600	27	16.393		
总计	2923.867	29			

多重比较

因变量：所用时间

图基 HSD

(I) 交互技术	(J) 交互技术	平均值差值 (I-J)	标准误差	显著性	95% 置信区间 下限	95% 置信区间 上限
鼠标	触屏手势	-15.800*	1.811	<.001	-20.29	-11.31
	空中手势	-21.500*	1.811	<.001	-25.99	-17.01
触屏手势	鼠标	15.800*	1.811	<.001	11.31	20.29
	空中手势	-5.700*	1.811	.011	-10.19	-1.21
空中手势	鼠标	21.500*	1.811	<.001	17.01	25.99
	触屏手势	5.700*	1.811	.011	1.21	10.19

*. 平均值差值的显著性水平为 0.05。

图 11.5　单因素方差分析检验结果

（7）决策与结论。首先，从 ANOVA 报表中读取，$F = 75.683$，$p = 0.000 < 0.05$，所以有统计学差异，我们拒绝原假设 H_0：$\mu_{鼠标} = \mu_{触屏手势} = \mu_{空中手势}$，接受其对立假设，也就是说，三种技术所消耗的时间不全相等。

（8）使用方差分析对 3 组以上样本观察值进行 F 检验，如果有显著性差异，只能说明总体来说，各组均值之间有显著性差异，但是并不意味着任意两个组之间的均值都有显著性差异。如果想要进一步了解究竟哪两个组的均值之间有显著差异，接下来需要做事后检验（Post-Hoc Test）。在图 11.5 中，在"事后检验"报表中读取两两对比的统计结果，可以发现鼠标与触屏手势之间完成任务的时间有显著差异，$p = 0.000 < 0.05$，鼠标明显快于触屏手势（$M_{鼠标} = 240.3$ 秒，$M_{触屏手势} = 256.1$ 秒）；同样也可以验证鼠标明显快于空中手势，$p = 0.000 < 0.05$，$M_{鼠标} = 240.3$ 秒，$M_{空中手势} = 261.8$ 秒。接下来，可以比较触屏手势和空中手势，发现触屏手势明显快于空中手势，$p = 0.011 < 0.05$，$M_{触屏手势} = 256.1$ 秒，$M_{空中手势} = 261.8$ 秒。

在本例中，我们使用了 SPSS 中的事后两两比较。在此，我们对这一方法做一个简单的总结介绍。一般情况下，事后检验可分为两种情况，一种是有计划的事后检验，一种是无计划的事后检验。其中，有计划的事后检验是指一个研究在设计之初或数据收集之前就已经很明确地计划好了需要通过多重比较来分析多个样本之间的差异性。如果是这种情况的话，那么不管统计得出的方差分析结果如何，都需要按计划进行两两比较，此时可采用 LSD 检验或者 Bonferroni（邦弗伦尼）检验进行类型Ⅰ错误（TypeⅠ error）校正。

无计划的事后检验是指统计得出方差分析结果之后，发现了有统计学意义的 F 值之后才有必要利用多重比较进行探索性分析。此时可以根据研究的目的和样本的性质灵活选择多重比较的方法。比如，如果要进行多个实验组与一个对照组之间的多重比较，就可以选择 Dunnett（邓尼特）检验；如果要进行多个不同组之间的两两对比并且又满足各个组之间的样本量相同这一条件，就可以选择图基检验；如果多个组之间的样本量不同，就可以选择 Scheffe（雪费）检验；当然，如果事先并未计划要进行多重比较，并且发现方差分析结果 F 没有统计学差异，就不用再进行事后检验。

11.1.3　重复测量方差分析例题及统计分析

在前面的例子中，我们介绍的都是独立样本的方差分析。在实际应用中，还存在一种情况，就是在同一组样本的个体上施加多次（三次及以上）的实验处理，然后检验不同次数的实验处理对这组样本的影响是否有显著性差异，这种设计被称为重复测量方差分析。

由于重复测量方差分析的基本假设以及在 SPSS 统计软件中的操作步骤与独立样本的方差分析的基本假设和 SPSS 的操作步骤等方面类似，因此本节不再赘述。遇到重复测量的情景时，读者可参考前面的独立样本方差分析流程进行数据分析和统计结果的讨论。

在研究人员所能抽取的样本量十分有限的情况下，重复测量方差分析是比较可行的一种方法；并且重复测量方差分析也有助于消除由于组内样本个体之间的差异所带来的误差和影响。结合前面的 F 值的计算公式，当组内的个体差异很大的时候，如果进行独立样本方差分析研究，那么组间的差异（真实的实验处理效应）就可能会被掩盖。相比之下，重复测量方差分析在发现实验处理效应方面就比较敏感，因为组内的个体差异不会影响到 F 值。举例来说，假定某实验的实际处理效应为10，而组内的个体差异却高达1000，其他误差经测量后为1，我们可以看出，这个研究中个体差异引起的变异是非常大的。如果我们使用独立测量方差分析，结果如下：

$$F = \frac{实验处理效应 + 个体差异 + 其他实验误差}{个体差异 + 其他实验误差} = \frac{10 + 1000 + 1}{1000 + 1} = 1.01$$

在方差分析中，如果没有实验处理效应，那么 F 的值应该是1.00。在本例中，经计算得到的 F 值为1.01，近似等于1.00，所以表明实验处理不存在或者效应非常小。尽管我们从原始数据中可以看出实际上实验处理效应的值为10，但是由于组内个体差异太大（1000），掩盖了实验处理产生效应这一事实。

但是同样的数据，如果我们使用重复测量方差分析，就可以不需要考虑个体之间的差异，因此 F 值的计算结果如下：

$$F = \frac{\text{实验处理效应} + \text{其他实验误差}}{\text{其他实验误差}} = \frac{10 + 1}{1} = 11$$

　　经过对比，使用重复测量方差分析之后，我们可以看出，这里的 F 值是实验效应不产生作用的 F 值的 11 倍，这个结果有力地证明了实验处理效应很大。

　　但是重复测量方差分析研究也存在一定的缺陷，如果研究中存在顺序效应，比如被试接连经过了三次不同实验处理之后就会产生身心上的疲惫等等，那么研究人员就比较难以解释统计结果。

11.2 双因素方差分析

11.2.1　基本概念

　　上一节我们讨论的是单因素方差分析，而实际上在方差分析中，有可能有 2 个、3 个甚至更多的因素，我们称之为多因素方差分析。多因素方差分析在统计分析时，把总的变异分解为多个因素的变异之和。

$$SS_{\text{总}} = SS_{\text{因素1}} + SS_{\text{因素2}} + SS_{\text{因素3}} + \cdots + SS_{\text{误差}}$$

　　上式中，因为引入了多个因素，所以在实际应用中有可能存在多个因素之间的交互作用产生的影响。本节，我们以 2 个因素为例，来讨论双因素方差分析（Two-Factor ANOVA）。3 个以上的多因素方差分析的过程与此类似，读者可自行实践一下。

　　在双因素方差分析中，我们关心的是：

　　（1）因素 A 对被试有影响吗？

　　（2）因素 B 对被试有影响吗？

　　（3）因素 A 和 B 的共同作用对被试有影响吗？

　　在上面 3 点中，因素 A 和因素 B 单独对被试所产生的效应称为主要效应（Main Effects）；如果因素 A 和因素 B 共同对被试产生了一种新的效应，那么我们称之为交互效应（Interaction Effects）A × B。

　　双因素方差分析的先决条件：

（1）每个样本总体都服从正态分布。对每个因素来说，样本观察值都是来自正态分布总体的简单随机样本。

（2）各个样本总体的方差满足齐性要求。各组观察数据是从具有相同方差的总体中随机抽取的。

（3）样本观察值是独立的。

11.2.2　例题及统计分析

● 无交互作用的双因素方差分析

假设现在有 4 个品牌的电视机在 5 个地区销售，为分析电视机品牌（因素 A）和销售地区（因素 B）对销售量是否有影响，对每个电视机品牌在各个地区的销售量进行测量，得到表 11.2 所示的数据。分析品牌和销售地区对电视机销售量是否有显著影响。

表 11.2　不同品牌的电视机在不同地区的销售量

（单位：台）

品牌（因素 A）	销售地区（因素 B）				
	B5	B1	B2	B3	B4
A1	365	350	343	340	323
A2	345	368	363	330	333
A3	358	323	353	343	308
A4	288	280	298	260	298

（1）建立检验假设

H_{01}：品牌对销售量无影响，H_{02}：地区对销售量无影响

H_{11}：品牌对销售量有影响，H_{12}：地区对销售量有影响

$\alpha = 0.05$

（2）打开 SPSS，切换到"变量视图"，在里面分别输入"品牌""地区"和"销售量" 3 个变量，并分别设置小数点后保留 0 位数字。接下来，打开"品牌"变量所对应的字段"值"，在打开的"值标签"对话框中，

分别为"A1""A2""A3"和"A4"赋值为"1""2""3"和"4"，如图
11.6所示。设置完"品牌"后，再用同样的方法为5个地区设置标签。

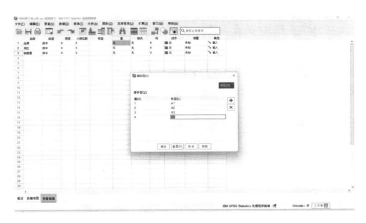

图11.6　双因素方差分析变量设置

（3）切换到"数据视图"，依次为品牌和地区一共20种组合（4×5）
输入具体的数据，数据的格式如图11.7所示，保存数据文件为"双因素
方差分析. sav"。

（4）下面，依次点击"分析— 一般线性模型—单变量"，如图11.7
所示。

图11.7　数据文件及菜单选择步骤

（5）在打开的对话框中，将左侧的"销售量"选入"因变量"矩形框中，然后将"品牌"和"地区"选入"固定因子"对话框中。然后点击"模型"，在弹出的"单变量：模型"对话框中，在"指定模型"面板勾选"构建项"，接下来在"构建项"面板中，选择"主效应"（本例中假设品牌和地区没有交互作用），然后将"品牌"和"地区"作为主效应选项选入"模型"矩形框中。依次点击"继续"和"确定"（如图11.8所示）。

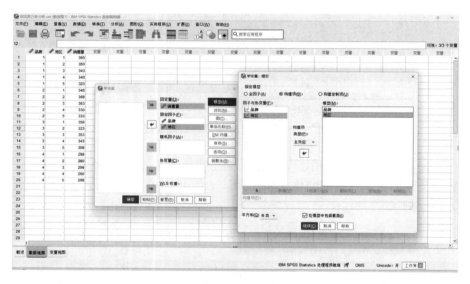

图 11.8　双因素方差分析对话框

（6）查看结果，如图11.9所示。

主体间因子

		值标签	N
品牌	1	A1	5
	2	A2	5
	3	A3	5
	4	A4	5
地区	1	B1	4
	2	B2	4
	3	B3	4
	4	B4	4
	5	B5	4

主体间效应检验

因变量：销售量

源	III 类平方和	自由度	均方	F	显著性
修正模型	15016.250[a]	7	2145.179	8.961	<.001
截距	2157588.050	1	2157588.050	9012.795	<.001
品牌	13004.550	3	4334.850	18.108	<.001
地区	2011.700	4	502.925	2.101	.144
误差	2872.700	12	239.392		
总计	2175477.000	20			
修正后总计	17888.950	19			

a. R 方 = .839（调整后 R 方 = .746）

图 11.9 双因素方差分析检验结果

（7）决策与结论。从图 11.9 中我们可以看到，品牌和地区所对应的 F 值分别为 18.108 和 2.101，所对应的 p 值分别为 $p = 0.000 < 0.05$ 和 $p = 0.144 > 0.05$，所以品牌的差异有统计学意义，我们拒绝原假设 H_{01}：品牌对销售量无影响，接受其对立假设 H_{11}：品牌对销售量有影响；而地区的差异没有统计学意义，所以我们无法拒绝原假设 H_{02}：地区对销售量无影响。

● 有交互作用的双因素方差分析（析因分析）

上例中，我们提前假设了品牌和地区相互之间是没有交互作用的。本节中，我们再举一个例子说明如何讨论和分析两个因素之间的交互作用是否会对样本观察值产生新的影响。

某课题组为了验证 Fitts 定律中鼠标光标到达一个目标的时间（T）与光标跟该目标的距离（D）和该目标的大小（S）两个因素是否相关，在实验中让 5 名被试分别在不同距离长度（短距离 vs 长距离）和不同目标大小（小目标 vs 大目标）情况下进行实验，共测得 20 个数据（单位：秒），请分析 D、S 以及 D 和 S 的交互作用对鼠标滑行时间的影响。

表 11.3　鼠标运动时间

（单位：秒）

	长距离	短距离
小目标	2.9	2.0
	2.8	1.8
	3.0	2.2
	3.2	1.9
	3.1	2.1
大目标	2.1	0.7
	1.9	1.3
	1.7	1.0
	2.3	0.9
	2.2	1.1

（1）建立检验假设

H_{01}：距离 D 对运动时间无影响

H_{02}：目标大小 S 对运动时间无影响

H_{03}：距离 D 和目标大小 S 的交互作用对运动时间无影响

H_{11}：距离 D 对运动时间有影响

H_{12}：目标大小 S 对运动时间有影响

H_{13}：距离 D 和目标大小 S 的交互作用对运动时间有影响

$\alpha = 0.05$

（2）打开 SPSS，切换到"变量视图"，在里面分别输入"目标大小""距离"和"时间"3 个变量，其中"时间"变量的小数点后保留 1 位，其他变量小数点后保留 0 位数字。接下来，打开"目标大小"变量所对应的字段"值"，在打开的"值标签"对话框中，为"小目标"和"大目标"分别赋值"1"和"2"，如图 11.10 所示。设置完"目标大小"后，再用同样的方法为"距离"设置标签。

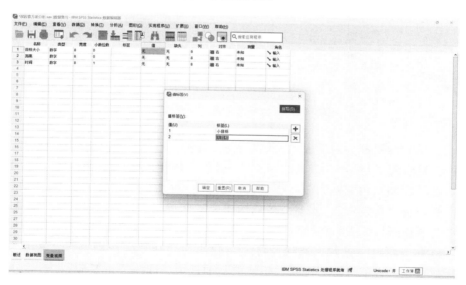

图 11.10 有交叉作用的双因素方差分析变量设置

（3）切换到"数据视图"，依次为目标大小和距离一共 20 种组合输入具体的数据，数据的格式如图 11.11 所示，保存数据文件为"有交互作用的双因素方差分析.sav"。

（4）下面，依次点击"分析——一般线性模型—单变量"，如图 11.11

所示。

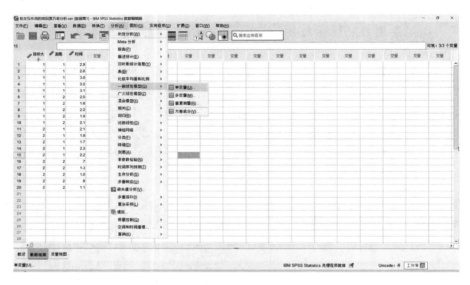

图 11.11　数据文件及菜单选择步骤

（5）在打开的对话框中，将左侧的"时间"选入"因变量"矩形框中，然后将"目标大小"和"距离"选入"固定因子"对话框中。然后点击"模型"，在弹出的"单变量：模型"对话框中，在"指定模型"面板勾选"构建项"，接下来在"构建项"面板中，选择"交互"（本例中为了检测目标大小和距离是否具有交互作用），然后同时选中"目标大小"和"距离"这两个选项，将之共同作为交互效应选项选入"模型"矩形框中，接下来再切换到"构建项"面板中，选择"主效应"，然后分别选中"目标大小"和"距离"两个选项，将之先后作为主效应选项选入"模型"矩形框中（本例中同时还需要检测目标大小和距离是否具有主效应作用），依次点击"继续"和"确定"（图 11.12）。

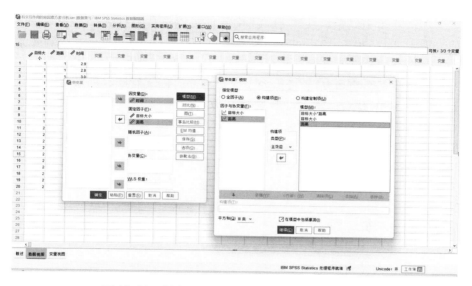

图 11.12　具有交互作用的双因素方差分析对话框

（6）查看结果，如图 11.13 所示。

主体间因子

		值标签	N
目标大小	1	小目标	10
	2	大目标	10
距离	1	长距离	10
	2	短距离	10

主体间效应检验

因变量：时间

源	III 类平方和	自由度	均方	F	显著性
修正模型	10.006^a	3	3.335	84.439	<.001
截距	80.802	1	80.802	2045.620	<.001
目标大小 * 距离	.002	1	.002	.051	.825
目标大小	4.802	1	4.802	121.570	<.001
距离	5.202	1	5.202	131.696	<.001
误差	.632	16	.040		
总计	91.440	20			
修正后总计	10.638	19			

a. R 方 = .941（调整后 R 方 = .929）

图 11.13　双因素方差分析检验结果

（7）决策与结论。从图 11.13 中我们可以读取目标大小和距离的 F 值分别为 121.570 和 131.696，p 值都是 0.000 < 0.05，目标大小和距离的差异作为主效应来讲都具有统计学意义，我们拒绝原假设 H_{01}：距离 D 对运动时间无影响和 H_{02}：目标大小 S 对运动时间无影响，而接受其对立假设 H_{11}：距离 D 对运动时间有影响和 H_{12}：目标大小 S 对运动时间有影响。但是进一步读取目标大小 * 距离的交互作用，发现 F 值为 0.051，p 值为 0.825 > 0.05，所以二者的交互作用没有统计学意义，我们无法拒绝原假设 H_{03}：距离 D 和目标大小 S 的交互作用对运动时间的影响无统计学意义。

11.3　章节习题

1. 方差分析有什么用途？
2. 方差分析的先决条件是什么？
3. 单因素方差分析分为哪几类，各自侧重什么？
4. 为了测试不同游戏设备的差异，选择一款在手机、电脑和游戏主机均可以运行的游戏，抽取了 30 名没有玩过该游戏的玩家，随机分成三组，分别用手机、电脑、游戏主机通过同一个游戏关卡，测量每个人完成的时间（单位：分钟），所用时间如下表所示，问这三种设备之间有无明显差异？

手机	电脑	主机
46	33	14
39	34	15
44	29	27
32	21	40
30	25	29
15	35	26

续表

手机	电脑	主机
36	22	32
26	40	43
31	12	22
25	15	37

5. 在事后多重比较中，Scheffe 检验和 Turkey 检验有何差别？

6. 重复测量方差分析有何优缺点？

7. 双因素方差分析有什么先决条件？

8. 某运动 App 社区为了确定目标用户群体，调研了一批每天运动时间满 1 小时的用户，以下是用户样本在不同年龄段以及地区的人数分布情况，以此来分析参与运动的人数是否与年龄和地区因素有关。

年龄段	a 地区	b 地区	c 地区	d 地区	e 地区
18—25 岁	450	344	244	185	269
26—33 岁	239	144	134	98	160
34—41 岁	183	214	111	161	182
42—49 岁	332	311	391	262	351

9. 为了分析不同平台和视频时长对视频播放量的影响，现在将 8 条同类型的新闻报道做成 8 个长视频和 8 个短视频，分别放在抖音和 B 站两个平台上，一周后观察视频的播放量并得到下表，请分析视频时长和平台对视频播放量（单位：万次）的影响。

	抖音	B 站
短视频	7.1	4.3
	9.7	8.1
	3.5	1.1
	6.1	7.8
	7.8	6.8
	8.2	4.5
	10.8	7.6
	2.4	0.8
长视频	4.5	4.5
	1.4	3.4
	2.1	9.7
	2.8	6.9
	0.9	1.4
	3.2	5.3
	3.4	4.2
	5.0	3.7

第 12 章　秩和检验

秩和检验（Rank Sum Test）又称为顺序和检验，属于一种常见的非参数检验方法（Non-Parametric Test）。与参数检验严格的条件要求不同的是，秩和检验不依赖于总体分布的具体形式，在实际应用的时候可以不考虑样本观察值呈现一种什么样的分布，因此适用性很强。但是门槛低也未必都是好事，正因为秩和检验仅仅考虑样本观察值的排序，而不考虑数据的其他信息，故对样本数据的分析不够充分，这导致其检验精准度不如满足正态分布的 t 检验和 F 检验高。总的来说，非参数检验不如参数检验灵敏，非参数检验更有可能检测不出来两个实验处理之间存在的真实差异。因此在实验条件允许的情况之下，应该尽可能地使用参数检验。

秩和检验的种类与前面的参数检验种类是相对应的，也分为两组配对样本秩和检验（对应于两组配对样本 t 检验）、两组独立样本秩和检验（对应于两组独立样本 t 检验）、多组相关样本的秩和检验（对应于多组相关样本 ANOVA 检验）和多组独立样本的秩和检验（对应于多组独立样本 ANOVA 检验）四大类。

12.1　两组独立样本比较的秩和检验

12.1.1　基本概念

与第 10 章所述的两组独立样本 t 检验类似，这里的两组样本之间也是互相独立的，两组样本的数量不一定完全相同，而且对应顺序也是无关紧要的。两组独立样本的秩和检验通常使用 Mann-Whitney U（曼 – 惠特尼 U）检验方法。

12.1.2 例题及统计分析

　　某课题组想验证某游戏系统，资深游戏玩家和非资深玩家在任务交互效率上是否有显著差异，招募了 15 名被试完成某指定的交互任务，其中包括 7 名资深游戏玩家和 8 名普通用户。问：资深玩家和普通用户之间是否有显著差异？

表 12.1　资深玩家和普通用户完成任务所用时间

（单位：秒）

资深玩家	5.5	6.5	8.5	7.5	9.0	11.0	13.2	
普通用户	9.5	6.5	11.5	12.0	16.0	13.0	14.0	14.2

　　（1）建立检验假设

　　$H_0: \mu_{资深玩家} = \mu_{普通用户}$，$H_1: \mu_{资深玩家} \neq \mu_{普通用户}$，$\alpha = 0.05$

　　（2）打开 SPSS，切换到"变量视图"，在里面分别输入"玩家类别"和"时间"两个变量，"玩家类别"变量设置小数点后保留 0 位数字，"时间"变量设置小数点后保留 1 位数字。接下来，打开"玩家类别"变量的值标签对话框，在其中为资深玩家和普通用户分别赋值"1"和"2"，如图 12.1 所示，点击"确定"。

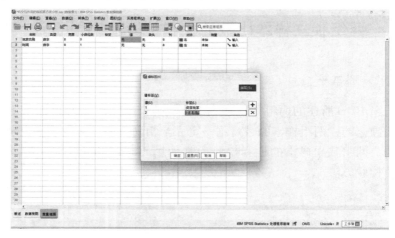

　　图 12.1　两独立样本秩和检验变量设置

（3）切换到"数据视图"，输入具体的数据，保存数据文件为"两独立样本秩和检验.sav"。

（4）下面，依次点击"分析—非参数检验—旧对话框—2 个独立样本"，如图 12.2 所示。

图 12.2　数据文件及菜单选择步骤

（5）在打开的对话框中，将左侧的"时间"和"玩家类别"分别选入"检验变量列表"矩形框和"分组变量"矩形框中，接下来在"检验类型"面板中，勾选"曼-惠特尼 U"然后点击"分组变量"面板下方的"定义组"按钮，在弹出的"两独立样本：定义组"对话框中为组 1 和组 2 分别赋值"1"和"2"，依次点击"继续"和"确定"按钮（图 12.3）。

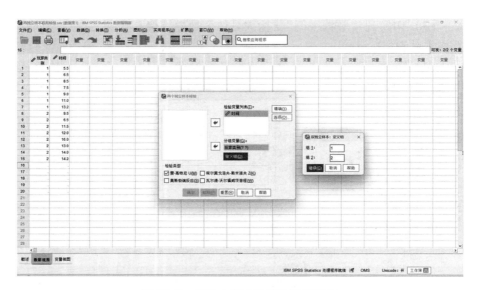

图 12.3　两独立样本秩和检验对话框

（6）查看结果，如图 12.4 所示。

曼-惠特尼检验

秩

	玩家类别	N	秩平均值	秩的总和
时间	资深玩家	7	5.50	38.50
	普通用户	8	10.19	81.50
	总计	15		

检验统计ᵃ

	时间
曼-惠特尼 U	10.500
威尔科克森 W	38.500
Z	-2.027
渐近显著性（双尾）	.043
精确显著性[2*(单尾显著性)]	.040ᵇ

a. 分组变量：玩家类别

b. 未针对绑定值进行修正。

图 12.4　两独立样本秩和检验结果

146

（7）决策与结论。从检验统计列表中读取，$Z = -2.027$，$p = 0.043 <$ 0.05，所以有统计学差异，我们拒绝原假设 $H_0 : \mu_{资深玩家} = \mu_{普通用户}$，也就是说资深玩家和普通用户在当前游戏系统上完成指定任务的时间是明显不同的，资深玩家明显比普通用户更快。

12.2　两组配对样本比较的秩和检验

12.2.1　基本概念

与第 10 章所述的两组配对样本 t 检验类似，这里的两组配对样本有三种情况：1）将同一份样本分成两半，然后各自用不同的处理方法（Treatment）来测试，例如医学实验中的血液样本。2）自身的比较，同一个样本在同一个实验处理之前和之后的对比分析。在处理前后的过程中，应该控制其他因素的变化，并且处理周期不宜过长。例如，同一组被试用了某种新的交互技术后工作效率是否有显著提升。3）将某些因素相同的样本组成配对组，例如某项研究调查夫妻之间的收入水平是否有显著差异。两组配对样本的秩和检验通常使用 Wilcoxon（威尔科克森）秩和检验方法。

12.2.2　例题及统计分析

某课题组针对数字电视开发了一个视觉手势交互系统。该系统开发完成后，为了评估手势的易使用性，特地招募了 13 名被试，基于 7 点 Likert 量表分别对手势和传统遥控器进行了主观打分（1 分最差，7 分最好），数据如表 12.2 所示。问：被试对这两种技术的易使用性方面的主观感受有显著差异吗？

表 12.2　用户对两种技术的主观评分

（单位：分）

手势	5	6	4	3	5	5	6	6	5	5	5	5	6

续表

手势	5	6	4	3	5	5	6	6	5	5	5	5	6
遥控器	7	7	5	6	5	6	5	5	5	7	5	5	7

（1）建立检验假设

$H_0: \mu_{手势} = \mu_{遥控器}$，$H_1: \mu_{手势} \neq \mu_{遥控器}$，$\alpha = 0.05$

（2）打开 SPSS，切换到"变量视图"，在里面分别输入"手势"和"遥控器"两个变量，并分别设置小数点后保留 0 位数字，如图 12.5 所示。

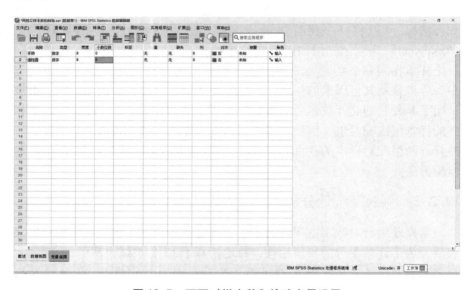

图 12.5　两配对样本秩和检验变量设置

（3）切换到"数据视图"，分别为手势和遥控器两种技术输入具体的数据，保存数据文件为"两配对样本秩和检验.sav"。下面，依次点击"分析—非参数检验—旧对话框 - 2 个相关样本"，如图 12.6 所示。

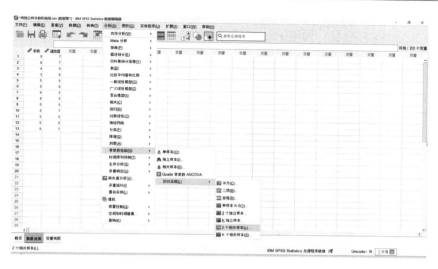

图 12.6　数据文件及菜单选择步骤

（4）在打开的对话框中，将左侧的"手势"和"遥控器"分别选入"检验对"矩形框中，然后在"检验类型"面板中勾选"威尔科克森"前面的方框（这种方法也被称为威式秩和检验），如图 12.7 所示，最后点击"确定"。

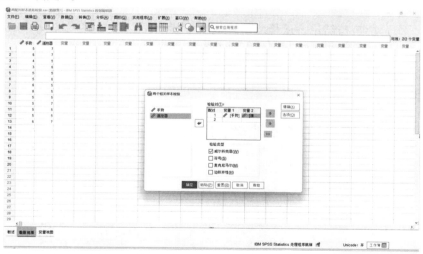

图 12.7　两配对样本秩和检验对话框

（5）查看结果，如图 12.8 所示。

威尔科克森符号秩检验

秩

		N	秩平均值	秩的总和
遥控器 - 手势	负秩	2[a]	3.50	7.00
	正秩	7[b]	5.43	38.00
	绑定值	4[c]		
	总计	13		

a. 遥控器 < 手势

b. 遥控器 > 手势

c. 遥控器 = 手势

检验统计[a]

	遥控器 - 手势
Z	-1.897[b]
渐近显著性（双尾）	.058

a. 威尔科克森符号秩检验

b. 基于负秩。

图 12.8　两配对样本秩和检验结果

（6）决策与结论。从检验统计列表中读取，$Z = -1.897$，$p = 0.058 > 0.05$，没有统计学差异，所以我们无法拒绝原假设 $H_0: \mu_{手势} = \mu_{遥控器}$。也就是说，被试认为鼠标和手势这两种技术在易使用性这个指标上没有统计学差异。

12.3　多组独立样本比较的秩和检验

12.3.1　基本概念

与前面所述的多组独立样本的 ANOVA 方差分析（F 检验）类似，这里的多组样本之间也是互相独立的，多组样本的数量不一定完全相同，而且对应顺序也是无关紧要的。

但是多组独立样本 ANOVA 方差分析（F 检验）要求满足以下条件：1）各样本之间相互独立，2）各个样本的观察值均服从正态分布，以及 3）各样本观察值之间的方差必须满足齐性要求。在实际应用中，如果不满足这些条件，那么就只能使用多组独立样本的秩和检验，即 Kruskal-Wallis（克鲁斯卡尔 – 沃利斯）检验方法。

12.3.2　例题及统计分析

某科技公司开发了三款英语学习益智软件，招募了 20 名高中生被试，然后将被试随机划分为三个组，其中组 A6 人，组 B7 人，组 C7 人。请这三组高中生被试分别使用这三种产品学习 2 个月，两个月后进行测试，发现三组被试的成绩均有所提高，如表 12.3 所示。问：这三种产品对高中生学习成绩的提高是否有显著不同的作用？

表 12.3　三组被试学习成绩提高情况

（单位：分）

组 A	7.5	7.0	12.0	17.0	13.0	17.5	
组 B	7.0	13.0	22.0	32.5	37.5	21.0	23.0
组 C	17.0	22.0	27.0	47.0	62.0	31.0	37.5

（1）建立检验假设

$H_0: \mu_{组 A} = \mu_{组 B} = \mu_{组 C}$，$H_1$：三种技术所耗时间不完全相同，$\alpha = 0.05$。

（2）打开 SPSS，切换到"变量视图"，在里面分别输入"组别"和"分数"两个变量，"组别"变量设置小数点后保留 0 位数字，"分数"变量设置小数点后保留 1 位数字。接下来打开"组别"变量的值标签对话框，在其中为组 A、组 B 和组 C 分别赋值"1""2"和"3"，如图 12.9 所示，点击"确定"。

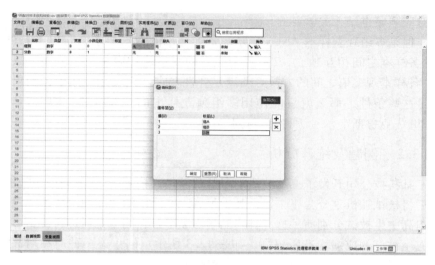

图 12.9 多组独立样本秩和检验变量设置

（3）切换到"数据视图"，输入具体的数据，保存数据文件为"多组独立样本秩和检验.sav"。下面，依次点击"分析—非参数检验—旧对话框—k 个独立样本"，如图 12.10 所示。

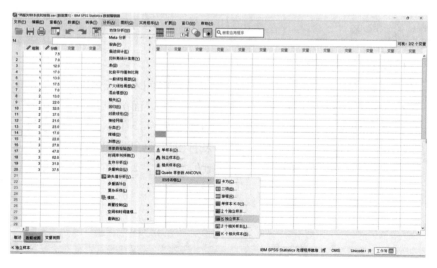

图 12.10 数据文件及菜单选择步骤

（4）在打开的对话框中，将左侧的"分数"和"组别"分别选入"检验变量列表"矩形框和"分组变量"矩形框中，接下来在"检验类型"面板中，勾选"克鲁斯卡尔－沃利斯"然后点击"分组变量"面板下方的"定义范围"按钮，在弹出的"多自变量样本：定义范围"对话框中设置组的范围最小值和最大值分别为"1"和"3"，依次点击"继续"和"确定"按钮（如图12.11所示）。

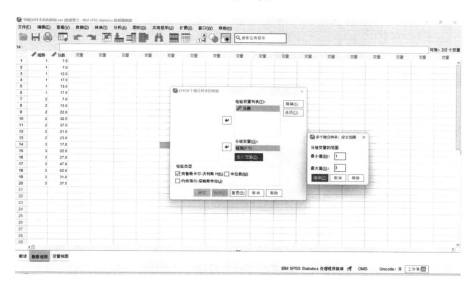

图 12.11　多组独立样本秩和检验对话框

（5）查看结果，如图 12.12 所示。

克鲁斯卡尔-沃利斯检验

秩

	组别	N	秩平均值
分数	组A	6	5.08
	组B	7	10.71
	组C	7	14.93
	总计	20	

检验统计[a,b]

	分数
克鲁斯卡尔-沃利斯 H	8.995
自由度	2
渐近显著性	.011

a. 克鲁斯卡尔-沃利斯检验

b. 分组变量：组别

图 12.12　多组独立样本秩和检验结果

（6）决策与结论。从检验统计列表中读取 Kruskal-Wallis（克鲁斯卡尔 – 沃利斯）检验结果 $p = 0.011 < 0.05$，有统计学差异，所以我们拒绝原假设 $H_0: \mu_{组A} = \mu_{组B} = \mu_{组C}$，接受其对立假设，也就是说，三种学习软件对提高成绩的作用不完全相同。

但是经过了多组独立样本的秩和检验之后，我们也仅仅能够判定三种方法在总体上是否有显著差异，目前尚不能对哪两组之间有显著差异做出定论。如果需要两两比较，则还需要进一步分析。而前面我们提到过，如果重复多次假设检验会导致犯类型 I 错误的概率增大，也就是使得 α 值变大，那么我们必须重新设定新的检验标准，而不能沿用原来的检验标准 α = 0.05 作为是否拒绝零假设的标准。目前我们需要对 3 组样本观察值之间进行两两比对，因此需要将原来的 α 值除以 3，得到校正后的 α 值，α′= 0.017。

接下来，我们先比较组 A 和组 B 之间是否有显著差异。

（7）切换到"变量视图"，点击"组别"变量中的字段"缺失"，在弹出的"缺失值"对话框中，勾选"离散缺失值"，然后输入 3，最后点击"确定"，如图 12.13 所示。

图 12.13　多组独立样本秩和检验两两比较变量设置对话框

（8）切换回"数据视图"对话框，仍然依次点击"分析—非参数检验—旧对话框—k 个独立样本"，重复刚才的独立样本秩和检验过程，可得到统计结果如图 12.14 所示。

克鲁斯卡尔-沃利斯检验

秩

	组别	N	秩平均值
分数	组A	6	4.83
	组B	7	8.86
	总计	13	

检验统计[a,b]

	分数
克鲁斯卡尔-沃利斯 H	3.468
自由度	1
渐近显著性	.063

a. 克鲁斯卡尔-沃利斯检验

b. 分组变量：组别

图 12.14　多组独立样本秩和检验两两比较统计结果

（9）从图 12.14 中可以看出，组 A 和组 B 之间的 Kruskal-Wallis（克鲁斯卡尔 – 沃利斯）检验结果 $p = 0.063 > 0.017$，所以差异无统计学意义。

利用同样的方法，比较组 A 和组 C 之间的差异，这次需要注意的是在"变量视图"中设置"离散缺失值"为 2（即组 B 不参与比较）。得到结果 $p = 0.005 < 0.017$，所以差异有统计学意义。也就是说，组 A 所使用的学习软件效果明显比组 C 好。

最后比较组 B 和组 C 之间的差异，在"变量视图"中设置"离散缺失值"为 1（即组 A 不参与比较）。得到结果 $p = 0.141 > 0.017$，所以差异无统计学意义。也就是说，组 B 和组 C 所使用的学习软件效果没有显著差异。

需要注意的是，在本例中进行 Post-Hoc 事后两两比对的时候，因为我们是在 SPSS 变量视图中手工设置"离散缺失值"从而人为地忽略了一个样本组而比较剩余的两个样本组，相当于单独做了 3 次相关样本的 t 检验，所以需要校准 α 水平，设置 $\alpha' = 0.017$ 作为新的显著性水平。而在前面的章节所介绍的单因素多组独立样本 ANOVA 方差分析中，由于 SPSS 中内置了"事后比较"的按钮（即不同的软件算法），因此在"单因素 ANOVA：事后比较"的对话框中，我们并没有校准 α 显著性水平，而是保持了默认的 α 显著性水平 0.05。

值得一提的是，对于非参数检验中的事后两两比较是否需要调整 α 水平，目前在学术界还存在一些争议。有的统计学家认为，如果研究中的样本量比较小，则不一定非要调整 α 水平，可以直接进行两两比较，这样反而会在一定程度上弥补非参数检验效能弱于参数检验这一缺陷所带来的损失；如果研究中的样本量比较大，比如每组都在 30 例以上，则一定需要调整 α 水平。读者可以根据实际情况灵活判断和选择合适的策略。

12.4　多组相关样本比较的秩和检验

12.4.1　基本概念

与前面所述的重复测量 ANOVA 方差分析类似，Friedman（傅莱德曼）检验也是用来评估将三个或更多的实验处理条件作用于同一个样本之上重复测量，然后分析比较不同处理条件对样本的影响是否有显著差异。二者的区别是，方差分析需要可以用来计算平均数与方差的数值型的观察值，而 Friedman（傅莱德曼）检验只需要顺序变量的观察值即可。Friedman（傅莱德曼）检验与 Wilcoxon（威尔科克森符号秩）检验相比，二者都是属于非参数检验，但是 Wilcoxon（威尔科克森符号秩）检验只适用于比较两个样本，而 Friedman（傅莱德曼）可以用来比较三个及三个以上的样本。

12.4.2　例题及统计分析

某课题组为了评估市场上用户对苹果、三星和华为三款手机的偏好，随机招募了 15 名被试，然后请这 15 被试使用 7 分的 Likert 量表对这三款手机进行主观打分，如表 12.4 所示。问：用户对这三款手势的主观偏好打分方面是否存在显著的差异？

表 12.4　被试对三款手机的偏好打分情况

品牌	1	2	3	4	5	6	7	8	9	10	11	12	13	14	15
苹果	7	7	5	6	5	6	5	5	5	7	5	5	7	6	7
三星	5	6	4	3	5	5	6	6	5	5	5	5	6	6	5
华为	4	4	4	6	7	6	5	5	6	5	5	5	4	4	3

（1）建立检验假设

H_0：$\mu_{苹果} = \mu_{三星} = \mu_{华为}$，$H_1$：用户对三款手机的偏好不完全相同，$\alpha = 0.05$。

（2）打开 SPSS，切换到"变量视图"，在里面分别输入"苹果""三星"和"华为"三个变量，变量设置小数点后保留 0 位数字，如图 12.15 所示，点击"确定"。

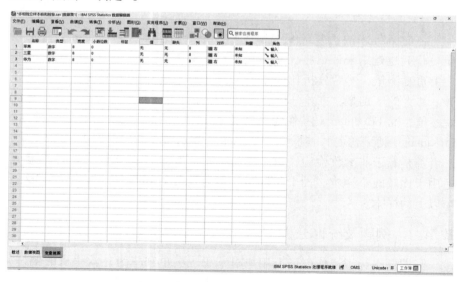

图 12.15　多组相关样本秩和检验变量设置

（3）切换到"数据视图"，输入具体的数据，保存数据文件为"多组相关样本秩和检验.sav"。下面，依次点击"分析—非参数检验—旧对话框—k 个相关样本"，如图 12.16 所示。

图 12.16　数据文件及菜单选择步骤

（4）在打开的对话框中，将左侧的"苹果""三星"和"华为"依次选入"检验变量"矩形框中。接下来在"检验类型"面板中，勾选"傅莱德曼"然后点击右侧的"统计"按钮，在弹出的"多个相关样本：统计"对话框中勾选"描述性"，如图 12.17 所示，最后依次点击"继续"和"确定"按钮。

需要补充说明的是，在本例中我们在检验类型面板中选取了傅莱德曼检验方法。而在实际应用，如果勾选了傅莱德曼右侧的肯德尔 W 检验，则在很多情况之下会得到跟傅莱德曼检验一致的结果。读者可以自行验证。

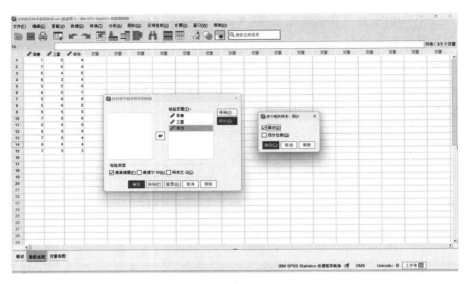

图 12.17　多组相关样本秩和检验对话框

（5）查看结果，如图 12.18 所示。

描述统计

	N	平均值	标准差	最小值	最大值
苹果	15	5.87	.915	5	7
三星	15	5.13	.834	3	6
华为	15	4.87	1.060	3	7

傅莱德曼检验

秩

	秩平均值
苹果	2.33
三星	1.83
华为	1.83

检验统计ᵃ

N	15
卡方	3.488
自由度	2
渐近显著性	.175

a. 傅莱德曼检验

图 12.18　多组相关样本秩和检验结果

（6）决策与结论。从检验统计列表中读取，Friedman（傅莱德曼）检验的 $p = 0.175 > 0.05$，没有统计学意义，所以我们无法拒绝原假设 H_0：$\mu_{苹果} = \mu_{三星} = \mu_{华为}$，用户对这三款手机的偏好并没有表现出显著的差异。

12.5　章节习题

1. 什么是秩和检验，二者分别有什么优缺点？

2. 秩和检验分为哪几类？

3. 某课题组想了解年龄是否会影响人们对 VR 设备的接受度，招募了 30 名被试，其中 14 名青年，16 名中年，在他们都在体验同一款 VR 设备后填写量表，然后统计各自得分（0 - 10 分），得到下表。问：年龄是否会影响人们对 VR 设备的接受度？

青年	9.2	7.0	4.1	4.7	9.8	7.2	5.0	6.8	7.5	3.2	7.1	8.4	8.7	7.7	9.9	5.8
中年	7.8	8.1	6.7	3.9	6.2	7.5	5.5	3.5	3.4	4.3	2.8	9.1	5.4	8.2		

4. 某公司开发了一种新的电子读书器，市场人员为了调研该产品相比于印刷书籍的体验，招募了 15 名未接触过类似读书器的被试，被试使用后基于 7 点里克特量表对该读书器和书籍进行主观打分（1 - 7 分）。数据如下表所示，问：这两种阅读方式在体验方面有无显著差异？

阅读器	2	6	7	3	1	2	2	4	3	2	2	3	5	2	6
书籍	6	4	5	5	2	3	6	6	3	3	4	6	7	7	2

5. 多组独立样本秩和检验与多组独立样本方差分析有什么区别？

6. 某健身视频博主为了调查哪种有氧运动减肥效果最好，招募了 24 名体重相近的被试，将其分为 3 组分别做不同的有氧运动，其中 6 人选择游泳，8 人选择篮球，10 人选择跑步，每人每天有氧运动 1 小时，且均正常饮食，持续一个月后，测量每个人体重减少数据，得到下表。问：三种运动的减肥效果是否有较大差异？

游泳	2.32	2.15	3.89	4.20	4.02	1.95			
篮球	1.84	4.23	3.97	4.87	1.98	2.79	3.95	2.80	
跑步	1.98	3.39	3.78	1.72	1.25	2.82	2.03	3.21	3.55	1.28

7. 在多组独立样本秩和检验中，事后多重比较过程中为什么要调整 α 水平？

8. 为了评估用户对埃安、长安、比亚迪三个品牌电车的偏好，随机招募了 18 名车主，结合加速、续航、减震等驾驶属性设计了 7 分里克特量表，让被试体验三个品牌的电车之后对其进行打分，得到下表。问：用户在这三个品牌电车的驾驶体验方面是否有显著区别。

埃安	5	6	4	7	3	7	5	6	7	3	1	2	5	3	7	4	7	5
长安	4	2	5	3	1	5	1	2	5	6	3	2	1	4	6	6	3	6
比亚迪	4	2	2	2	1	2	5	4	5	2	6	1	2	2	1	6	1	1

第 13 章　卡方检验

卡方检验又称为 χ^2（Chi-Square Test），是一种用途比较广泛的非参数假设检验方法。与其他参数检验方法相比，卡方检验对于数据的分布约束或限制更小，也就是说，不需要满足正态分布条件，并且样本的观察值不局限于数值型变量，而可以是类别变量，包括类别变量 Nominal（无序）和顺序变量 Ordinal（有序）。

卡方检验分为两种类型：卡方拟合度检验（Goodness of Fit）和卡方独立性检验（Independence）。

13.1　卡方拟合度检验

13.1.1　基本概念

卡方拟合度检验用来检测统计样本的实际观察值与理论推断值之间的偏离程度。卡方值越大，偏离程度越大；卡方值越小，偏差越小，越趋于符合；如果两个值完全相等，则卡方值为 0，表明实际观察值与理论值完全符合。

13.1.2　例题及统计分析

某课题组针对目前市场上流行的 6 款智能手机做了一次调研，目的是检验用户对这六款手机的偏好是否有显著差异。

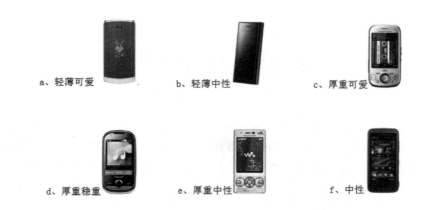

a、轻薄可爱　　　　b、轻薄中性　　　　c、厚重可爱

d、厚重稳重　　　　e、厚重中性　　　　f、中性

图 13.1　市场上流行的 6 款智能手机

一共有 67 名被试参加了实验，实验数据整理后如表 13.1 所示。问：用户在这六款手机的偏好上是否有显著差异？

表 13.1　用户对 6 款不同智能手机的偏好分布

（单位：人数）

款式	a	b	c	d	e	f
人数	24	17	39	8	3	9

（1）建立检验假设

H_0：六款手机的人数偏好分布比例一致，H_1：六款手机的人数偏好分布比例不一致，$\alpha = 0.05$

（2）打开 SPSS，切换到"变量视图"，在里面分别输入"款式"和"人数"两个变量，并分别设置小数点后保留 0 位。接下来，打开"款式"变量所对应的字段"值"，在打开的"值标签"对话框中，为"a款""b款""c款""d款""e款"和"f款"分别赋值"1""2""3""4""5"和"6"，如图 13.2 所示。

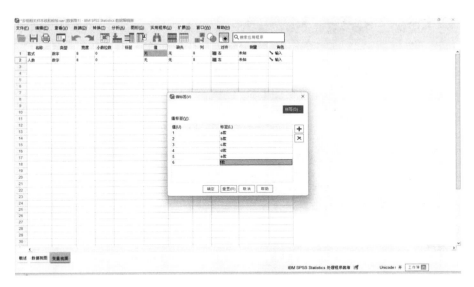

图 13.2　卡方拟合度检验变量设置

（3）切换到"数据视图"，依次为六款手机输入具体的人数，数据格式如图 13.3 所示，输入完成之后保存数据文件为"卡方拟合度检验.sav"。

（4）与前面介绍的 t 检验、F 检验、秩和检验等方法不同的是，在本例中，"人数"这一列所对应的是汇总后对于某一款手机的总人数（频次），所以我们需要让 SPSS 知道这是一个加权值。下面，依次点击"数据—个案加权"，调出"加权个案"对话框，勾选上面的"个案加权依据"，然后将左侧对话框中的"人数"选到右侧"频率变量"中，最后点击"确定"，如图 13.3 所示。SPSS 会弹出一个对话框标有"WEIGHT BY 人数"字样。

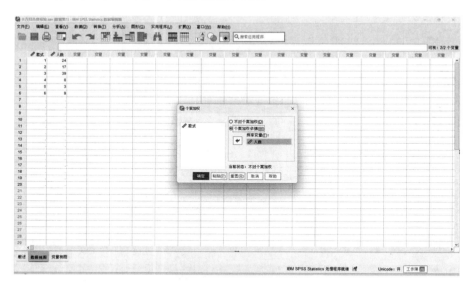

图 13.3　原始数据加权对话框

（5）返回到"数据视图"，依次点击"分析—非参数检验—旧对话框—卡方"，如图 13.4 所示。

图 13.4　数据文件及菜单选择步骤

（6）在弹出的"卡方检验"对话框中将左侧的"人数"选到右侧的"检验变量列表"矩形框中，点击"确定"，如图 13.5 所示。

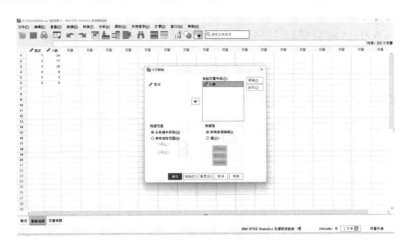

图 13.5　卡方拟合度检验对话框

（7）查看结果，如图 13.6 所示。

卡方检验

频率

人数

	实测个案数	期望个案数	残差
3	3	16.7	-13.7
8	8	16.7	-8.7
9	9	16.7	-7.7
17	17	16.7	.3
24	24	16.7	7.3
39	39	16.7	22.3
总计	100		

检验统计

	人数
卡方	52.400[a]
自由度	5
渐近显著性	<.001

a. 0 个单元格
(0.0%) 的期望频
率低于 5。期望
的最低单元格频
率为 16.7。

图 13.6　卡方拟合度检验结果

（8）决策与结论。首先，在"人数"列表中我们可以看到，理想情况下如果是平均分配那么每一款手机对应的人数应该是 16.7 人，但是实际情况并非如此，根据"检验统计"列表我们可以读取 $\chi^2 = 52.4$，$p = 0.000 < 0.05$，有统计学差异，所以我们拒绝原假设 H_0 接受其对立假设 H_1。也就是说，这六款不同类型的手机人数偏好比例明显不一致。

13.2 卡方独立性检验

13.2.1 基本概念

卡方独立性检验用来检验两个（或以上）样本率或者构成比例之间的差别是否有统计学意义，从而推断两个（或以上）总体率或者构成比例之间的差别是否有统计学意义。

卡方独立性检验又可以分为四格表卡方检验、配对四格表卡方检验和 $R \times C$ 行列表卡方检验。

13.2.2 四格表卡方检验例题及统计分析

四格表卡方检验用来比较不同类型的组在某一个指标上的差异，而类别总共只有两类，被检验的指标也是总共只有两类，总共有 $2 \times 2 = 4$ 种情况，即两行两列，因此称之为四格表。

例 1，某课题组为了检验男性和女性对某两款新产品的喜好是否有所差异，做了一个样本调查，测得数据如表 13.2 所示。

表 13.2 男性用户和女性用户对两款不同产品的偏好分布

（单位：人）

性别	产品 A	产品 B
男	13	45
女	24	22

（1）建立检验假设

H_0：男性和女性对两款产品的偏好分布比例一致，H_1：男性和女性对两款产品的偏好分布比例不同，$\alpha = 0.05$。

（2）打开 SPSS，切换到"变量视图"，在里面分别输入"性别""产品"和"人数"三个变量，并分别设置小数点后保留 0 位。接下来，打开"性别"变量所对应的字段"值"，在打开的"值标签"对话框中，为"男性"和"女性"分别赋值"1"和"2"；使用同样的方法在"产品"变量的"值标签"对话框中为"产品 A"和"产品 B"分别赋值"1"和"2"，如图 13.7 所示。

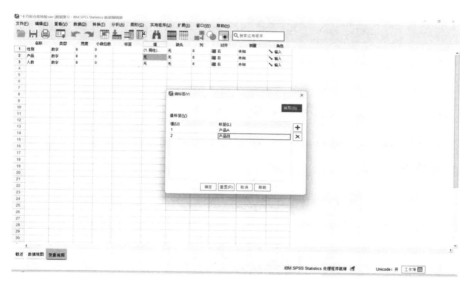

图 13.7　四格表卡方检验变量设置

（3）切换到"数据视图"，不同性别和不同产品的偏好人数输入具体的数值，数据的格式如图 13.8 所示，保存数据文件为"四格表卡方检验.sav"。

（4）下面，依次点击"数据—个案加权"，调出"个案加权"对话框，勾选上面的"个案加权依据"，然后将左侧对话框中的"人数"选到

169

右侧"频率变量"中，最后点击"确定"，如图13.8所示。SPSS会弹出一个对话框标有"WEIGHT BY 人数"字样。

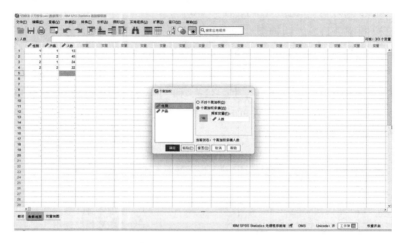

图13.8　原始数据加权对话框

（5）返回到"数据视图"，依次点击"分析—描述统计—交叉表"，如图13.9所示。

图13.9　数据文件及菜单选择步骤

（6）在弹出的"交叉表格"对话框中，将左侧的"性别"和"产品"分别选到右侧的"行"和"列"矩形框中，点击"确定"。接下来点击"统计"按钮，激活"交叉表格：统计"对话框，勾选"卡方"后点击"继续"回到"交叉表格"对话框；再接下来点击"单元格"对话框，在弹出来的"交叉表格：单元格显示"对话框中分别勾选"期望值"和"行"两个选项，点击"继续"回到"交叉表格"对话框，最后点击"确定"，如图 13.10 所示。

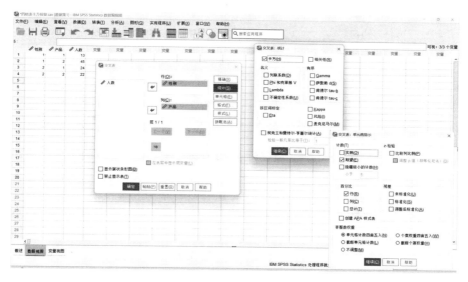

图 13.10　四格表卡方检验对话框

（7）查看结果，如图 13.11 所示。

性别 * 产品 交叉表

			产品		
			产品A	产品B	总计
性别	男性	期望计数	20.6	37.4	58.0
		占 性别的百分比	22.4%	77.6%	100.0%
	女性	期望计数	16.4	29.6	46.0
		占 性别的百分比	52.2%	47.8%	100.0%
总计		期望计数	37.0	67.0	104.0
		占 性别的百分比	35.6%	64.4%	100.0%

卡方检验

	值	自由度	渐进显著性（双侧）	精确显著性（双侧）	精确显著性（单侧）
皮尔逊卡方	9.913ᵃ	1	.002		
连续性修正ᵇ	8.657	1	.003		
似然比	9.991	1	.002		
费希尔精确检验				.002	.002
线性关联	9.818	1	.002		
有效个案数	104				

a. 0 个单元格 (0.0%) 的期望计数小于 5。最小期望计数为 16.37。

b. 仅针对 2x2 表进行计算

图 13.11 四格表卡方检验结果

（8）决策与结论。首先，我们来看一下"卡方检验"列表最下方的注释部分文字说明，"0 个单元格（0.0%）具有的预期计数小于 5，最小预期计数为 16.37"。这句话的意思就是说，统计结果表明实际最小预期计数为 16.37，预期计数小于 5 的单元格个数为 0。接下来，我们看到"卡方检验"列表中有多个 p 值，在实际应用中到底应该读取哪行的 p 值可参考以下规则：

1）如果实验样本总个数 n＞40，并且所有单元格的理论预期计数 ≥ 5 时，读取"皮尔逊卡方"那一行所对应的 p 值；

2）如果实验样本总个数 n＞40，但有任何一个单元格的理论预期计数介于 1 和 5 之间时，读取"连续性修正"那一行所对应的 p 值；

3）如果实验样本总个数 n＜40，但有任何一个单元格的理论预期计数介于 1 和 5 之间时，读取"Fisher（费希尔）精确检验"那一行所对应的 p 值。

由以上规则可知，本例中我们读取"皮尔逊卡方"那一行所对应的 p

值 0.002 < 0.05，有统计学差异，所以我们拒绝零假设 H_0 而接受其对立假设 H_1，也就是不同性别的用户（男女）对这两款新产品的偏好程度显著不同。

回过头来再看一下"性别 * 产品交叉表"，可以看出男性更偏好于产品 B（相对于女性用户比例更高）。

例 2，如果我们把例 1 题目的源数据更改一下，如表 13.3 所示，那么结果将会如何呢？

表 13.3　男性用户和女性用户对两款不同产品的偏好分布

（单位：人数）

性别	产品 A	产品 B
男	54	19
女	10	3

我们使用同样的方法对 13.3 表中的数据进行四格表卡方检验，结果如图 13.12 所示。

性别 * 产品 交叉表

			产品		总计
			产品A	产品B	
性别	男性	期望计数	54.3	18.7	73.0
		占性别的百分比	74.0%	26.0%	100.0%
	女性	期望计数	9.7	3.3	13.0
		占性别的百分比	76.9%	23.1%	100.0%
总计		期望计数	64.0	22.0	86.0
		占性别的百分比	74.4%	25.6%	100.0%

卡方检验

	值	自由度	渐进显著性（双侧）	精确显著性（双侧）	精确显著性（单侧）
皮尔逊卡方	.050[a]	1	.822		
连续性修正[b]	.000	1	1.000		
似然比	.051	1	.821		
费希尔精确检验				1.000	.563
线性关联	.050	1	.823		
有效个案数	86				

a. 1 个单元格 (25.0%) 的期望计数小于 5。最小期望计数为 3.33。

b. 仅针对 2x2 表进行计算

图 13.12　四格表卡方检验结果

首先，我们来看一下"卡方检验"列表最下方的注释部分文字说明，"1个单元格（25.0%）具有的预期计数小于5，最小预期计数为3.33"。这句话的意思就是说，小于理论期望值5的单元格个数为1，即女性喜欢产品B的3人所在的那个单元格。

本例中，由于最小理论值为3.33，但是总人数86 > 40，因此在这种情况下我们需要读取"连续性修正"那一行所对应的 p 值为 1.000 > 0.05，所以没有统计学差异，也就是不同性别的用户（男女）对这两款新产品的偏好程度没有显著差异。

回过头来再看一下"性别 * 产品交叉表"，也可以看出男性和女性在产品 A 和产品 B 的人数偏好比例方面基本相似（男性：74% vs 26%，女性：76.9% vs 23.1%）。

例3，如果我们把例1题目的源数据再次更改一下，如表13.4所示，那么结果将会如何呢？

表13.4　男性用户和女性用户对两款不同产品的偏好分布

（单位：人）

性别	产品 A	产品 B
男	6	5
女	1	10

我们使用同样的方法对13.4表中的数据做四格表卡方检验，结果如图13.13所示。

性别 * 产品 交叉表

			产品		
			产品A	产品B	总计
性别	男性	期望计数	3.5	7.5	11.0
		占性别的百分比	54.5%	45.5%	100.0%
	女性	期望计数	3.5	7.5	11.0
		占性别的百分比	9.1%	90.9%	100.0%
总计		期望计数	7.0	15.0	22.0
		占性别的百分比	31.8%	68.2%	100.0%

卡方检验

	值	自由度	渐进显著性（双侧）	精确显著性（双侧）	精确显著性（单侧）
皮尔逊卡方	5.238[a]	1	.022		
连续性修正[b]	3.352	1	.067		
似然比	5.661	1	.017		
费希尔精确检验				.063	.032
线性关联	5.000	1	.025		
有效个案数	22				

a. 2 个单元格 (50.0%) 的期望计数小于 5。最小期望计数为 3.50。

b. 仅针对 2x2 表进行计算

图 13.13　四格表卡方检验结果

首先，我们来看一下"卡方检验"列表最下方的注释部分文字说明，"2 个单元格（50.0%）具有的预期计数小于 5，最小预期计数为 3.50"。这句话的意思就是说，小于理论期望值 5 的单元格个数为 2 个，占 50%。

本例中，由于最小理论值为 3.50，但是总人数 22 < 40，因此在这种情况下我们需要读取"Fisher（费希尔）精确检验"那一行所对应的 p 值。同时，我们看到这里有两个 p 值，一个是精确显著性（双向），另一个是精确显著性（单向），其值分别为 0.063 > 0.05 和 0.032 < 0.05，所以一个是拒绝原假设，另一个是无法拒绝原假设，那么应该选择哪个呢？

其实，双向对应的是双侧检验问题，单向对应的是单侧检验的问题。这就要看具体的研究假设了，如果事先没有理由认为男性比女性更偏向于哪款产品，那就是双侧检验；而如果事先认为理论上男性比女性应该更偏向于产品 A（或者产品 B），只是想进一步检验这种差异是否有统计学意义，那就是单侧检验了。

根据以上分析，本例中我们事先并无明确假设男性和女性更偏向于哪款，因此我们读取双向检验的结果，即 $p = 0.063 > 0.05$。也就是说，男性和女性在产品 A 和产品 B 的偏好上并无显著差异。

需要注意的是，不管是选择双向还是单向的显著性检验，都应该是在实验之前根据一定的先验知识或者充分的理由加以确认的，而不能等到实验之后在读数据统计分析结果的时候随意选择。

13.2.3 配对四格表卡方检验例题及统计分析

与前面所介绍的配对 t 检验和配对秩和检验类似的是，卡方检验也有配对样本出现的情况。例如，某课题组随机招募了 58 名被试，然后让他们分别使用两种新发明的交互技术 A 和 B 完成某一项交互任务，结果如表 13.5 所示。问：这两种技术的任务完成率有无显著差异？

表 13.5 被试使用 A 和 B 两种不同技术完成任务情况

（单位：人）

技术 A	技术 B		合计
	成功	失败	
成功	11	12	23
失败	2	33	35
合计	13	45	58

通过分析表 13.5 所示的数据，我们可以看出，有 11 个被试使用两种技术皆成功，有 12 个被试使用技术 A 成功但使用技术 B 失败，有 2 个被试使用技术 A 失败但使用技术 B 成功，有 33 个被试使用两种技术皆失败。下面我们利用 SPSS 来进行统计检验。

（1）建立检验假设

H_0：使用 A 和 B 两种不同技术的任务完成率相同，H_1：使用 A 和 B 两种不同技术的任务完成率不同，$\alpha = 0.05$

（2）打开 SPSS，切换到"变量视图"，在里面分别输入"技术 A""技术 B"和"人数"三个变量，并分别设置小数点后保留 0 位数字。接下来，打开"技术 A"变量所对应的字段"值"，在打开的"值标签"对话框中，为"成功"和"失败"分别赋值"1"和"2"；使用同样的方法在"技术 B"变量的"值标签"对话框中为"成功"和"失败"分别赋值"1"和"2"，如图 13.14 所示。

图 13.14　配对四格表卡方检验变量设置

（3）切换到"数据视图"，为使用两种不同技术成功和失败的人数输入具体数值，数据的格式如图 13.15 所示，输入完毕之后保存数据文件为"配对四格表卡方检验.sav"。

（4）下面，依次点击"数据— 个案加权"，调出"个案加权"对话框，勾选上面的"个案加权依据"，然后将左侧对话框中的"人数"选到右侧"频率变量"中，最后点击"确定"，如图 13.15 所示。SPSS 会弹出一个对话框标有"WEIGHT BY 人数"字样。

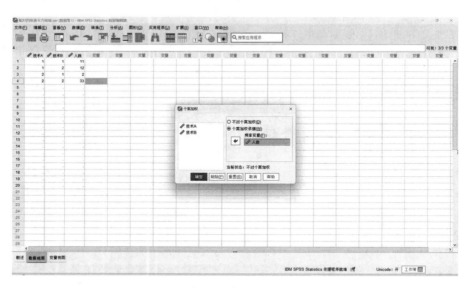

图 13.15　原始数据加权对话框

（5）返回到"数据视图"，依次点击"分析—描述统计—交叉表格"，如图 13.16 所示。

图 13.16　数据文件及菜单选择步骤

（6）在弹出的"交叉表格"对话框中将左侧的"技术 A"和"技术 B"分别选到右侧的"行"和"列"矩形框中，点击"确定"。接下来点击"统计"按钮，激活"交叉表格：统计"对话框，勾选"McNemar（麦克尼马尔）"选项后点击"继续"回到"交叉表格"对话框；最后点击"确定"，如图 13.17 所示。

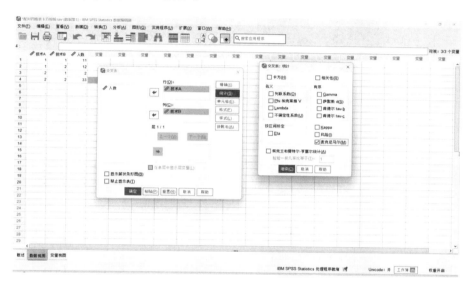

图 13.17　配对四格表卡方检验对话框

（7）查看结果，如图 13.18 所示。

技术A * 技术B 交叉表

			技术B 成功	技术B 失败	总计
技术A	成功	期望计数	5.2	17.8	23.0
		占 技术A 的百分比	47.8%	52.2%	100.0%
	失败	期望计数	7.8	27.2	35.0
		占 技术A 的百分比	5.7%	94.3%	100.0%
总计		期望计数	13.0	45.0	58.0
		占 技术A 的百分比	22.4%	77.6%	100.0%

卡方检验

	值	精确显著性（双侧）
麦克尼马尔检验		.013[a]
有效个案数	58	

a. 使用了二项分布。

图 13.18　配对四格表卡方检验结果

（7）决策与结论。在"卡方检验"列表中读取"McNemar（麦克尼马尔）检验"该行所对应的 p 值为 $0.013 < 0.05$，差异有统计学意义，所以我们拒绝零假设 H_0 而接受其对立假设 H_1：使用 A 和 B 两种不同技术的任务完成率不同。

13.2.4　R×C 行列表卡方检验例题及统计分析

上一节所述的四格表卡方检验只能检验 2 行 2 列的数据。与四格表卡方检验不同，R×C 行列表卡方检验则可以检验多行多列的数据之间的差异。在 R×C 行列表卡方检验中，如果 $p < 0.05$，我们就可以拒绝零假设了，但也只能是做出在总体上有显著性差异的结论，而无法做出多个样本两两之间是否有显著差异的定论。想要进一步了解样本两两之间是否有显著差异，还需要进一步对 R×C 行列表进行分割，并且分割之后原来的检验标准 $\alpha = 0.05$ 也需要重新调整。调整方法分为如下两种情况。

第一种情况，如果是多组之间两两比较的话，$\alpha' = \dfrac{\alpha}{N}$。

其中，N 表示两两比较所需要的检验总次数，$N = C_n^2 = \dfrac{n(n-1)}{2}$，$n$ 表示参加检验的组的个数。

第二种情况，如果是多个实验组和一个对照组进行比较，所需要的总的检验次数就没有第一种情况那么多了，所以可以使用公式 $\alpha' = \dfrac{\alpha}{M-1}$。

其中，M 表示实验组和对照组加起来的总的个数。

现在有四款新手机 A、B、C 和 D，某课题组随机调研了 10 ～ 18 岁之间的少年、18 ～ 44 岁之间的青年人、45 ～ 59 岁之间的中年人，以及 60 岁以上的老年人对这四款产品的喜好程度分布，结果如表 13.6 所示。

表 13.6　不同年龄阶段用户对 4 款不同手机的偏好分布

（单位：人）

年龄段	产品 A	产品 B	产品 C	产品 D	总计
青年	1284	1476	380	1180	4320
中年	2064	344	176	1552	4136
老年	1632	424	148	1776	3980
总计	4980	2244	704	4508	12436

（1）建立检验假设

H_0：不同年龄段的用户对这四款手机的偏好分布比例一致，H_1：不同年龄段的用户对这四款手机的偏好分布比例不完全一致，$\alpha = 0.05$。

（2）打开 SPSS，切换到"变量视图"，在里面分别输入"年龄段""产品"和"人数"三个变量，并分别设置小数点后保留 0 位数字。接下来，打开"年龄段"变量所对应的字段"值"，在打开的"值标签"对话框中，分别为"青年""中年"和"老年"赋值为"1""2"和"3"；同样的方法在"产品"变量的"值标签"对话框中依次为产品 A、B、C 和 D 赋值"1""2""3"和"4"，如图 13.19 所示。

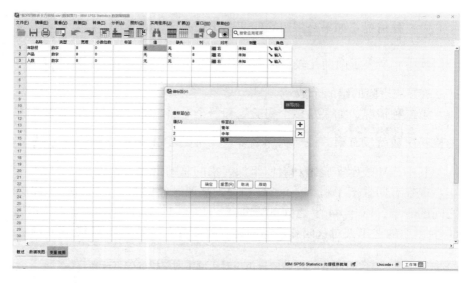

图 13.19　R×C 行列表卡方检验变量设置

（3）切换到"数据视图"，为不同年龄段和不同产品的偏好人数输入具体的数值，数据格式如图 13.20 所示，输入完成之后保存数据文件为"R×C 行列表卡方检验. sav"。

（4）下面，依次点击"数据— 个案加权"，调出"个案加权"对话框，勾选上面的"个案加权依据"，然后将左侧对话框中的"人数"选到右侧"频率变量"中，最后点击"确定"，如图 13.20 所示。SPSS 会弹出一个对话框标有"WEIGHT BY 人数"字样。

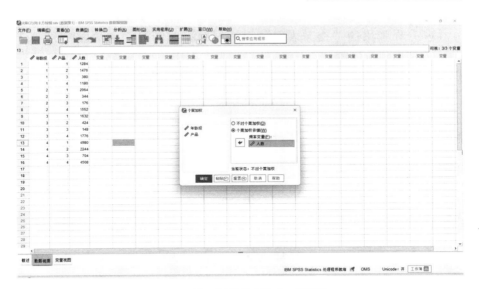

图 13.20　原始数据加权对话框

（5）返回到"数据视图"，依次点击"分析—描述统计—交叉表"，如图 13.21 所示。

图 13.21　数据文件及菜单选择步骤

183

（6）在弹出的"交叉表格"对话框中将左侧的"年龄段"和"产品"分别选到右侧的"行"和"列"矩形框中，点击"确定"。接下来点击"统计"按钮，激活"交叉表格：统计"对话框，勾选"卡方"后点击"继续"回到"交叉表格"对话框；再接下来点击"单元格"对话框，在弹出来的"交叉表格：单元格显示"对话框中分别勾选"期望值"和"行"两个选项，点击"继续"回到"交叉表格"对话框，最后点击"确定"，如图13.22所示。

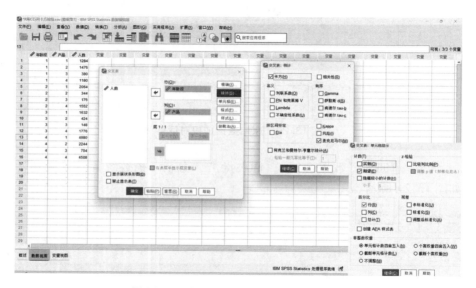

图13.22　R×C行列表卡方检验对话框

（7）查看结果，如图 13.23 所示。

年龄段 * 产品 交叉表

			产品				总计
			产品A	产品B	产品C	产品D	总计
年龄段	青年	期望计数	1729.9	779.5	244.6	1566.0	4320.0
		占 年龄段 的百分比	29.7%	34.2%	8.8%	27.3%	100.0%
	中年	期望计数	1656.3	746.3	234.1	1499.3	4136.0
		占 年龄段 的百分比	49.9%	8.3%	4.3%	37.5%	100.0%
	老年	期望计数	1593.8	718.2	225.3	1442.7	3980.0
		占 年龄段 的百分比	41.0%	10.7%	3.7%	44.6%	100.0%
总计		期望计数	4980.0	2244.0	704.0	4508.0	12436.0
		占 年龄段 的百分比	40.0%	18.0%	5.7%	36.2%	100.0%

卡方检验

	值	自由度	渐进显著性（双侧）
皮尔逊卡方	1465.861[a]	6	<.001
似然比	1412.821	6	<.001
线性关联	37.649	1	<.001
有效个案数	12436		

a. 0 个单元格（0.0%）的期望计数小于 5。最小期望计数为 225.31。

图 13.23 R×C 行列表卡方检验结果

（8）决策与结论。首先，我们来看一下"卡方检验"列表最下方的注释部分文字说明，"0 个单元格（0.0%）具有的预期计数小于 5，最小预期计数为 225.31"。这句话的意思就是说，小于理论期望值 5 的单元格个数为 0，即一个都没有。由此可见，"皮尔逊卡方"检验的结论是可信的。

接下来，我们读取"皮尔逊卡方"那一行所对应的 p 值为 0.000 < 0.05，有统计学差异，所以我们拒绝零假设 H_0 而接受其对立假设，也就是不同年龄段的用户对这 4 款新手机的偏好程度显著不同。

但到了这一步，仅仅能够说明总体来说，不同年龄段的用户对 4 款手机的偏好是显著不同的，但无法说明究竟哪两个年龄阶段的用户有明显不同。如果想进一步研究究竟是哪两个年龄阶段的用户偏好明显不同，只能再次进行事后两两比较，也就是说我们需要进行列分割。而前面我们提到，在统计分析中，如果直接简单地多次重复两两比较假设检验，会增大犯类型 I 错误的概率，所以我们需要重新设定新的检验标准。这里我们使

用公式 $\alpha' = \dfrac{\alpha}{N}$，校正后的 $\alpha' = 0.017$。

（9）利用校正后的新的检验标准，我们可以在青年和中年人、青年和老年人以及中年和老年人之间进行事后两两比较。下面我们举例说明青年人和老年人之间的差异是否有统计学意义。

切换到"变量视图"，点击"年龄段"变量所对应的"缺失"字段，在弹出的"缺失值"对话框中勾选"离散缺失值"后输入 2（即忽略中年人，只比较青年和老年），如图 13.24 所示。点击"确定"后回到"数据视图"。

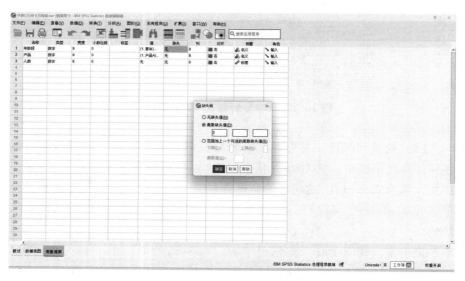

图 13.24　R×C 行列表卡方检验两两比较变量设置

（10）重复前面的流程，依次点击"分析—描述统计—交叉表格"，在弹出的对话框中分别将"年龄段"和"产品"选入到右侧的"行"和"列"对话框中，然后再依次点击"统计"和"单元格"按钮，在弹出的"交叉表格：统计"对话框中选择"卡方"，在"交叉表格：单元格显示"对话框中选择"期望"和"行"选项。结果如图 13.25 所示。

年龄段 * 产品 交叉表

			产品A	产品B	产品C	产品D	总计
年龄段	青年	期望计数	1517.7	988.9	274.8	1538.5	4320.0
		占 年龄段 的百分比	29.7%	34.2%	8.8%	27.3%	100.0%
	老年	期望计数	1398.3	911.1	253.2	1417.5	3980.0
		占 年龄段 的百分比	41.0%	10.7%	3.7%	44.6%	100.0%
总计		期望计数	2916.0	1900.0	528.0	2956.0	8300.0
		占 年龄段 的百分比	35.1%	22.9%	6.4%	35.6%	100.0%

卡方检验

	值	自由度	渐进显著性（双侧）
皮尔逊卡方	833.585[a]	3	<.001
似然比	870.828	3	<.001
线性关联	41.604	1	<.001
有效个案数	8300		

a. 0 个单元格 (0.0%) 的期望计数小于 5。最小期望计数为 253.19。

图 13.25　R×C 行列表卡方检验两两比较结果

（11）根据上面介绍的方法，我们可以读取皮尔逊卡方检验的结果 $p = 0.000 < 0.017$，差异有统计学意义，所以青年和老年在这四款手机产品的偏好分布上显著不同。

（12）重复上述方法，我们可以比较并得出青年和中年的皮尔逊卡方检验的结果 $p = 0.000 < 0.017$，所以差异有统计学意义；中年和老年的皮尔逊卡方检验的结果 $p = 0.000 < 0.017$，所以差异有统计学意义。

13.3　Kappa 一致性检验

在前面所介绍的交叉表中，行变量和列变量分别代表一个事物的两个不同属性。但在实际应用中，还存在一种情况是行变量和列变量代表一个事物的同一属性的相同水平，但是对该属性各个水平上的区分方法不尽相同。比如，请设计师 A 和设计师 B 同时对一款智能手机 App 的不同种界面设计方案进行等级评估，将结果显示在同一张交叉表内，行变量和列变量分别显示两个专家对各个方案的评价等级。这个案例涉及对同一个事物同一属性的两种不同评价方法，如果想验证一下这两种评价方法（两个专家）之间是否一致，就不能简单使用前面所介绍的卡方检验方法，因为无法检验出这种配对设计的数据之间的一致程度。此时，可以使用Kappa一致性检验对两种方法的一致性程度进行评估。

表13.7是设计师A和设计师B对一款智能手机App的20种界面设计方案的评价结果，评价等级分为优、中、差三种。请问这两位设计师的评价结果是否一致？

表13.7　两位设计师对20种不同UI设计方案的评价交叉表

（单位：个）

设计师A的评价	设计师B的评价			合计
	优	中	差	
优	7	0	1	8
中	4	1	2	7
差	1	1	3	5
合计	12	2	6	20

（1）建立检验假设

H_0：设计师A和设计师B的评价结果完全无关（Kappa $=0$）

H_1：设计师A和设计师B的评价结果存在一致性（Kappa $\neq 0$），$\alpha = 0.05$

（2）打开SPSS，切换到"变量视图"，在里面分别输入"设计师A""设计师B"和"个数"三个变量。其中"设计师A"和"设计师B"两个变量设为字符串型，"个数"变量设为数值型，小数点后保留0位数字，如图13.26所示。

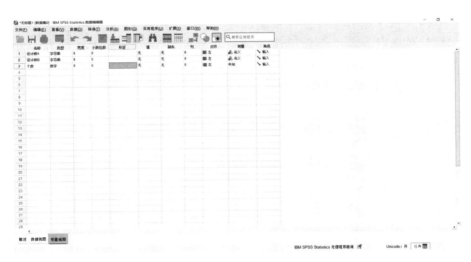

图 13.26　Kappa 检验变量设置

（3）切换到"数据视图"，为两个设计师评价结果输入具体数值，数据的格式如图 13.27 所示，输入完毕之后保存数据文件为"Kappa 检验.sav"。

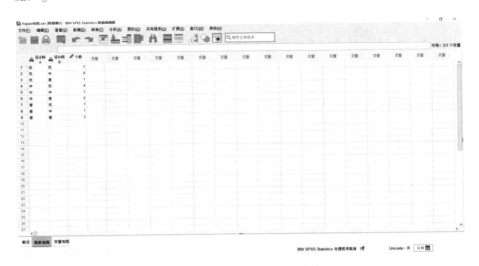

图 13.27　Kappa 检验原始数据

（4）依次点击"数据—个案加权"，在弹出的对话框中选择"个案加权"单选框，将"个数"选入到"频率变量"列表框中，点击"确定"退出"个案加权"对话框。

（5）依次点击"分析—描述统计—交叉表格"，如图13.28所示。

图13.28　Kappa检验交叉表格菜单选择步骤

（6）在弹出的"交叉表格"对话框中将左侧的"设计师A"和"设计师B"分别选到右侧的"行"和"列"矩形框中，接下来点击"统计"按钮，激活"交叉表格：统计"对话框，勾选"Kappa"选项后点击"继续"回到"交叉表格"对话框。最后点击"确定"，如图13.29所示。

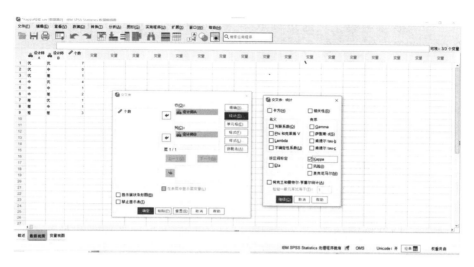

图 13. 29　Kappa 检验对话框

（7）查看结果，如图 13.30 所示。

个案处理摘要

	有效		缺失		总计	
	N	百分比	N	百分比	N	百分比
设计师A * 设计师B	20	100.0%	0	0.0%	20	100.0%

设计师A * 设计师B 交叉表

计数

		设计师B			总计
		差	优	中	
设计师A	差	3	1	1	5
	优	1	7	0	8
	中	2	4	1	7
总计		6	12	2	20

对称测量

		值	渐近标准误差[a]	近似 T[b]	渐进显著性
协议测量	Kappa	.308	.146	2.135	.033
有效个案数		20			

a. 未假定原假设。

b. 在假定原假设的情况下使用渐近标准误差。

图 13. 30　Kappa 检验结果

（8）决策与结论。通过读取结果，我们可以看到 p 值为 0.033 < 0.05，差异有统计学意义，所以我们拒绝零假设 H_0 而接受其对立假设 H_1：设计师 A 和设计师 B 两人对智能手机 UI 设计方案的评价结果是存在一致性的。通过读取 Kappa 值可以进一步确认这种一致性的强弱：如果 Kappa 值 ≥ 0.75，说明有较高的一致性；如果 0.4 ≤ Kappa 值 < 0.75，说明一致性一般；如果 Kappa 值 < 0.4，说明一致性较差。本例中，Kappa 值 = 0.304 < 0.4，因此可以认为两位设计师并不是非常一致。

在实际应用中，Kappa 一致性检验有很多用途。比如，判断是否可以用一种相对更加简易的用户主观评估方法代替另外一种结果可靠但操作非常烦琐的用户主观评估方法，就可以用 Kappa 一致性检验。另外，当需要用来比较两种数据预测方法的结果一致性时，也可以使用 Kappa 一致性检验。

13.4　章节习题

1. 什么是卡方检验？
2. 卡方检验分为几类？
3. 卡方拟合度检验如何运用，结果如何分析？
4. 端午节临近，某食品公司想针对不同口味的粽子进行一次调研，目的是检验消费者对不同口味的粽子偏好程度是否有显著差异。本次调研选取了 5 种口味，分别是清水粽、蜜枣粽、八宝粽、鲜肉粽、蛋黄粽，随机抽取了 80 名消费者参加，实验数据如表所示。问：人们对不同口味的粽子的偏好是否有显著差异？

种类	清水粽	蜜枣粽	八宝粽	鲜肉粽	蛋黄粽
人数	7	27	15	20	11

5. 卡方独立性检验的作用是什么？
6. 卡方独立性检验有哪几类？
7. 四格卡方表检验的适用场景。

8. 某银行为了检验学生或就业人员对两款理财产品的倾向是否有所差异，做了一个样本调查，测得数据如下表所示。

	A 产品	B 产品
学生	23	20
就业人员	43	12

9. 苹果公司新推出 VR 产品 Vision Pro，为了调查新产品与同类产品之间舒适度的差异做了一项调查。该公司招募了 50 名被试连续使用 Vision Pro 和 Quest 一个小时，观察被试是否会出现头晕、恶心等感觉。调查结果如下。问：两个设备在舒适度方面有无明显差异？

Vision Pro	Quest		合计
	出现不适	没有不适	
出现不适	7	4	11
没有不适	14	25	39
合计	21	29	50

10. 在 R × C 卡方检验中，若要进行两两样本之间的对比，应如何对显著性水平进行分割？

11. 某游戏公司更新了四个新活动，并在活动结束之后发布了问卷，随机调研了小学生、中学生、大学生三个玩家群体对四个活动的偏好情况，玩家分布情况如下表所示，该游戏公司想知道不同学生群体是否对不同活动的偏好程度有所差异。

	活动 A	活动 B	活动 C	活动 D	合计
小学生	124	89	225	156	594
中学生	201	100	124	189	614

续表

	活动 A	活动 B	活动 C	活动 D	合计
大学生	234	155	207	178	774
总计	559	344	556	523	1982

12. 什么时候适合使用 Kappa 一致性检验方法？

13. 某用户买回一台新电脑，想通过测试在打游戏过程中的网络延迟时间进而测试电脑性能。用户玩两款同类型游戏时，记录了 16 个任务场景中的网络延迟数据，通常 1～30ms 表示极快，30～50ms 表示良好，50～100ms 表示普通，具体如下表所示。请问通过这两款游戏测试的网络延迟结果是否一致？

游戏 A	游戏 B			合计
	极快	良好	普通	
极快	6	1	1	8
良好	3	2	0	5
普通	1	0	2	3
合计	10	3	3	16

14. 如何通过 Kappa 值来判断结果一致性的强弱？

第 14 章　相关分析

一般来讲，事物之间总会存在某种程度的联系，这种联系可以表现为直接或间接，也可以表现为强或弱。本章介绍的相关分析就是一种通过定量指标来描述事物之间联系的统计分析方法。在理论上，相关分析可以用来对任何类型的变量建立相关的指标并进行考察。但是在实践过程中，相关分析被应用最多的还是考察两个连续变量之间的相关关系。因此，本章主要介绍连续变量的相关分析。

14.1　简单相关分析

14.1.1　基本概念

对于两个连续变量之间的相关性通常有以下四种情况：

（1）直线相关：这是最简单的一种情况，也称之为简单相关，是指两个变量同时线性增大或者同时线性减小，或者呈现一增一减的情况。Pearson（皮尔逊）相关系数是定量描述直线相关程度的一个常用指标。

（2）曲线相关：两变量呈现曲线相关的变化趋势，在这种情况下，一般采用曲线回归来进行分析。

（3）正相关和负相关：如果一个变量朝一个方向变化的同时另一个变量也朝同一方向变化，则称之为正相关；反之，如果两个变量的变化方向是相反的，则称之为负相关。

（4）完全相关：如果两个变量的变化完全相同，由一个变量的取值可以准确推导出另一个变量的取值，则称之为完全相关。当然，这里包含了完全正相关和完全负相关两种情况。

一般用相关系数 r 来表示变量之间的相关程度。连续变量的相关系数 r，介于 -1 和 1 之间，$-1 < r < 1$。这里的符号代表正相关还是负相关。

$|r|$ 越接近于 1，则两个变量的相关性越强，$|r|$ 越接近于 0，则两个变量的相关性越弱。

计算出两变量之间的相关系数 r 之后，还需要继续对其进行统计检验，以避免计算所得的结果是由抽样误差所带来的。对于相关系数的假设检验过程如下：

H_0：两变量之间无直线相关关系

H_1：两变量之间有直线相关关系

在应用相关系数进行统计分析时，有三个前提条件：

（1）这里所介绍的相关系数主要适用于线性相关的情况，对于曲线相关等复杂情况，相关系数的大小并不简单地反映相关性的强弱。

（2）样本中存在的极端异常值对相关系数的计算影响很大，在实际应用中需要慎重处理，必要时可以剔除或加以变量变换，以免产生错误的结论。

（3）相关系数的计算要求两个对应的变量服从一个联合的双变量正态分布，而不是简单的每个变量各自服从正态分布。

在以上三个前提条件中，前两个的要求是最严格的，第三个相对弱一些，即便是违反了第三条要求计算出来的相关系数也相对比较稳健。读者可以使用散点图和直方图等 SPSS 工具进行实际问题考察和决策。

14.1.2　例题及统计分析

为了研究智能手机购买力是否和个人月收入之间存在某种关系，某课题组随机抽样了 14 名智能手机用户并通过问卷调查的方法得到了以下数据。

表 14.1　调研得到的 14 名智能手机用户的个人月收入
和所使用的智能手机价格

（单位：千元）

ID	1	2	3	4	5	6	7	8	9	10	11	12	13	14
月收入	0.6	3	20	4	18	1	14	23	0.8	32	28	9	5	7

续表

ID	1	2	3	4	5	6	7	8	9	10	11	12	13	14
手机价格	0.5	0.8	9	0.7	7	0.8	6	11	0.6	15	12	6	1.2	1

为了考察表 14.1 中两个变量之间是否存在直线相关关系，我们需要经历四个分析步骤：1）建立检验假设；2）绘制散点图，初步查看线性趋势；3）计算相关系数 r；4）读取 p 值，判断相关性的显著性。

（1）建立检验假设

H_0：个人月收入和智能手机购买力无直线相关关系

H_1：个人月收入和智能手机购买力有直线相关关系

（2）打开 SPSS，切换到"变量视图"，在里面分别输入"ID""月收入"和"手机价格"三个变量，其中"ID"设置小数点后保留 0 位数字，"月收入"和"手机价格"设置小数点后保留 1 位数字，如图 14.1 所示。

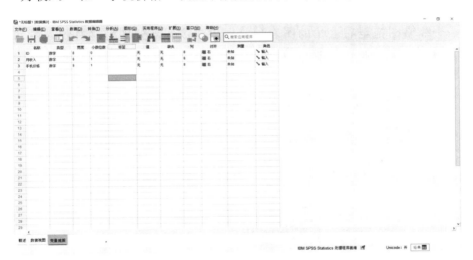

图 14.1　直线相关分析变量视图

（3）切换到数据视图，录入数据并保存文件为"直线相关分析. sav"（如图 14.2 所示）。

图 14.2　直线相关分析数据视图

（4）在 SPSS 中点击"图形—图表构建器"，在弹出的"图表构建器"对话框中点击左下角"图库"中的"散点图/点图"，将图例中的第一个缩略图拖至右上角的图表预览区中。接下来分别将"月收入"和"手机价格"拖至 X 轴和 Y 轴，然后点击"确定"按钮，如图 14.3 所示。

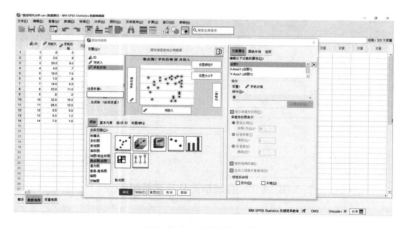

图 14.3　图表构建器

（5）点击"确定"，得到如图 14.4 所示的散点图结果。可以看出，个人月收入和手机价格之间有明显的正相关线性趋势。

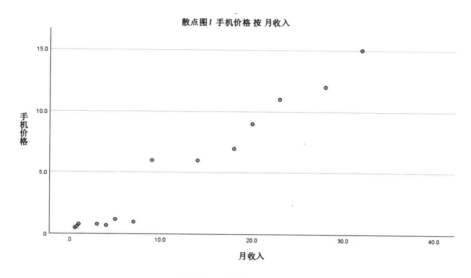

图 14.4　散点图结果

（6）前面介绍过，使用 Pearson（皮尔逊）做直线相关分析时，对第三个前提条件的要求不是那么严格。本例中根据上一步的散点图结果，我们可以看出这两个变量明显存在线性相关关系。因此，可以直接回到数据视图，点击"分析—相关—双变量"，在弹出的"双变量相关性"对话框中，把"月收入"和"手机价格"两个变量都选入"变量"列表框中，勾选"相关系数"中的"皮尔逊"检验以及"显著性检验"中的"双尾检验"，如图 14.5 所示。

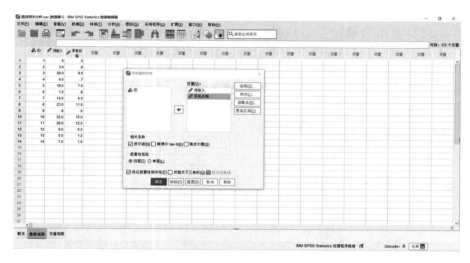

图 14.5　Pearson（皮尔逊）检验方法对话框

（7）点击"确定"按钮，得到直线相关分析结果，如图 14.6 所示。

相关性

		月收入	手机价格
月收入	皮尔逊相关性	1	.980^{**}
	显著性（双尾）		<.001
	个案数	14	14
手机价格	皮尔逊相关性	.980^{**}	1
	显著性（双尾）	<.001	
	个案数	14	14

**.在 0.01 级别（双尾）. 相关性显著。

图 14.6　直线相关分析结果

（8）决策与结论。从结果中可以看出，"月收入"和"手机价格"之间的相关系数 $r = 0.980$ 接近于 1，所以存在很强的正相关关系，说明随着月收入的增加手机购买力会不断增强。进一步读取 $p = 0.000 < 0.05$，说明这种相关性是显著的，具有统计学意义。我们可以下结论："月收入"与"手机价格"的关联性存在着统计学差异（$r = 0.980$，$p < 0.05$）。

在这里，需要进一步说明的是，Pearson（皮尔逊）相关系数作为一种参数分析方法，理论上要求所分析的两个变量服从双变量正态分布。在实际应用中，如果两个变量明显偏离了正态分布，硬要使用 Pearson（皮尔逊）相关系数测量两个变量的相关性是不合适的，此时可以勾选图 14.5"双变量相关性"对话框中的"Spearman（斯皮尔曼）"。Spearman（斯皮尔曼）相关系数又称为秩相关系数，是一种非参数检验方法，与 Pearson（皮尔逊）相关系数方法相比，Spearman（斯皮尔曼）对原始变量的数据分布不做要求。

14.2 偏相关分析

14.2.1 基本概念

在上一节的例子中，我们进行"月收入"和"手机价格"两个变量之间的直接线性相关分析时，并没有考虑第三方因素的影响，这有可能会导致对事物之间的联系的解读出现偏差。比如，在"月收入"和"手机价格"的基础上，加入了"年龄"这一个新的变量之后，"年龄"这一个因素会不会对"月收入"和"手机价格"之间的相关性产生影响？或者反过来说，控制了"年龄"这一因素之后，"月收入"和"手机价格"之间的相关性还存在吗？此时就需要使用偏相关分析方法。

偏相关分析，也称为净相关分析，是指当两个变量同时与其他的变量相关时，排除其他变量的影响，只分析该两个变量之间的相关性。这种方法的主要目的在于消除其他变量关联性的传递效应。通常，我们把该两个变量之外的其他变量称为控制变量。当控制变量个数为 1 时，偏相关系数称为一阶偏相关系数；当控制变量个数为 2 时，偏相关系数称为二阶偏相关系数；当控制变量个数为 0 时，偏相关系数称为 0 阶偏相关系数，也就是普通的相关系数。

14.2.2 例题及统计分析

对上一节的表 14.1 增加一个年龄变量，可得到表 14.2。

表 14.2　调研得到的 14 名智能手机用户的年龄、个人月收入和所使用的
智能手机价格

ID	1	2	3	4	5	6	7	8	9	10	11	12	13	14
年龄/岁	56	47	44	23	45	59	40	37	21	28	32	50	27	38
月收入/千元	0.6	3	20	4	18	1	14	23	0.8	32	28	9	5	7
手机价格/千元	0.5	0.8	9	0.7	7	0.8	6	11	0.6	15	12	6	1.2	1

　　偏相关分析的过程和上一节所介绍的相关分析的过程非常相似，本例中我们省略了变量视图和数据视图操作部分，读者可参考表 14.2 自行录入新的"年龄"数据，并将其保存为"偏相关分析.sav"。

　　（1）在 SPSS 的数据视图下，点击"分析—相关—偏相关性"，在打开的"偏相关"对话框中，将"月收入"和"手机价格"选入"变量"列表框中，将"年龄"选入"控制"列表框中，然后点击"选项"按钮，在弹出的"偏相关性：选项"对话框中，勾选"平均值和标准差"以及"零阶相关系数"，如图 14.7 所示。

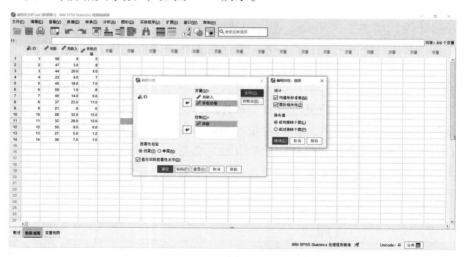

图 14.7　偏相关分析对话框设置

（2）先后点击"偏相关分析：选项"对话框中的"继续"按钮和"偏相关"对话框中的"确定"按钮，得到偏相关分析统计结果如图14.8所示。

相关性

控制变量			月收入	手机价格	年龄
- 无 -[a]	月收入	相关性	1.000	.980	-.228
		显著性（双尾）	.	<.001	.433
		自由度	0	12	12
	手机价格	相关性	.980	1.000	-.159
		显著性（双尾）	<.001	.	.588
		自由度	12	0	12
	年龄	相关性	-.228	-.159	1.000
		显著性（双尾）	.433	.588	.
		自由度	12	12	0
年龄	月收入	相关性	1.000	.982	
		显著性（双尾）	.	<.001	
		自由度	0	11	
	手机价格	相关性	.982	1.000	
		显著性（双尾）	<.001	.	
		自由度	11	0	

a. 单元格包含零阶（皮尔逊）相关性。

图 14.8　偏相关分析结果

（3）决策与结论。从结果中可以看出，当控制变量为"无"时，也就是结果表中的上半部分，"月收入"与"手机价格"之间的关联性存在着统计学差异（$r=0.980$，$p<0.05$）。这一结果跟本章14.1节的结果是一致的。当控制变量为"年龄"时，也就是结果表中的下半部分，"月收入"与"手机价格"之间的关联性仍然存在着统计学差异（$r=0.982$，$p<0.05$），但此时的相关系数 r 相比之前稍有增长，说明"月收入"与"手机价格"之间的正相关性会因为"年龄"的影响而稍有增强。

14.3 章节习题

1. 相关分析主要用于什么类型的变量？
2. 两个连续变量之间的相关关系通常有哪几种情况？
3. 相关系数 r 如何表示事物之间的相关程度？
4. 用相关系数进行统计分析时，应满足哪几个前提条件？
5. 为了研究电影评分与电影票房是否有关系，某课题组随机选取了某年上映的20部电影，其评分与票房数据如表所示：

编号	1	2	3	4	5	6	7	8	9	10
评分（分）	4.5	8.8	5.3	7.7	3.8	8.4	8.3	6.8	7.9	7.5
票房（千万）	12.5	78.6	18.8	62.1	9.1	75.6	64.5	39.2	51.3	53.9
编号	11	12	13	14	15	16	17	18	19	20
评分（分）	3.6	8.1	6.2	7.7	4.9	3.6	2.4	5.4	3.4	6.7
票房（千万）	7.0	68.9	29.3	51.7	20.4	4.9	0.9	18.1	5.3	29.4

6. 在实际应用中，如果两个变量明显偏离了正态分布，该用什么方法检验两个变量的相关性？
7. 什么是偏相关分析？
8. 对第5题中的数据增加一个"制作成本"作为控制变量，具体数据如下表，请进行偏相关分析？

编号	1	2	3	4	5	6	7	8	9	10
评分（分）	4.5	8.8	5.3	7.7	3.8	8.4	8.3	6.8	7.9	7.5
制作成本（百万）	6.8	56.5	3.5	16.8	2.9	102.5	66.3	13.2	23.9	26.8
票房（千万）	12.5	78.6	18.8	62.1	9.1	75.6	64.5	39.2	51.3	53.9

续表

编号	11	12	13	14	15	16	17	18	19	20
评分（分）	3.6	8.1	6.2	7.7	4.9	3.6	2.4	5.4	3.4	6.7
制作成本（百万）	8.6	38.5	12.2	77.9	12.3	14.8	8.5	21.5	6.3	19.7
票房（千万）	7.0	68.9	29.3	51.7	20.4	4.9	0.9	18.1	5.3	29.4

第 15 章　线性回归

尽管本书第 14 章所介绍的相关分析方法可以用来考察两个变量之间存在的相关关系，但是相关分析中的变量是没有主次之分的，比如虽然相关分析发现了月收入和智能手机购买力之间存在正相关关系，但却无法进一步揭示月收入的变化是如何影响智能手机购买力的变化趋势的。除此之外，在分析这两个变量之间的相关关系时，不可避免地还要考虑年龄、地域、职业、性别、品牌和文化效应等其他变量所带来的影响，这时相关分析就显得捉襟见肘了。本章所介绍的线性回归就是解决以上问题的有效方法。

15.1　简单线性回归

15.1.1　基本概念

通常用回归方程 $\hat{y} = a + bx$ 来描述两个变量 x 和 y 之间的关系。其中，x 称为自变量，y 称为因变量，$\hat{y}$ 并不是一个确定的数值，而是对应于某个确定 x 的群体的 y 值平均值的估计；a 为常量，它指的是当 $x = 0$ 时，回归直线在 Y 轴上的截距，即当 $x = 0$ 时，y 的平均估计量。b 被称为回归系数，也称为回归线的斜率。估计值 $\hat{y}$ 和每一个实际测得的数值之间的差被称为残差，反映了除了回归方程中已有的自变量 x 之外，实际应用中可能尚存的其他外界因素对因变量 y 值的影响，也就是不能由自变量 x 所能直接估计的部分。与本书第 14 章中所介绍的相关系数 r 类似，本章介绍的回归系数 b，在其计算出来具体数值之后，也需要对其进行假设检验，以确保得到的回归系数不是由于抽样误差而得到的。而对于回归系数 b 的假设检验，则可以用 t 检验，也可以用方差分析。

正如前文所述，尽管相关分析可以考察两个变量之间的相关关系，但用回归方程来解释二者之间的关系会更加精确，比如可以测量月收入每增加两千元时对智能手机的购买力是否会带来一定的影响，这是相关分析所无法解释的。除此之外，通过回归方程还可以进行预测和控制，比如根据自变量月收入的取值范围可以预测用户所能购买的智能手机的价格区间，反过来，也可以通过控制因变量智能手机的价格区间而得到用户的月收入范围。

在应用简单回归方程模型进行统计分析时，有 4 个前提条件：

（1）线性条件：因变量和自变量必须是线性关系，这一点可以通过 SPSS 中的散点图直接判断，否则不能应用简单线性回归方程模型。

（2）独立性条件：因变量 y 的取值是相互独立的，彼此之间没有相互联系。也就是说，残差之间是相互独立的，不存在自相关。否则，应当采用自回归模型加以统计分析。

（3）正态性条件：对于自变量 x 的任何一个线性组合，因变量 y 均服从正态分布。也就是说，残差必须符合正态分布。

（4）方差齐性条件：对于自变量 x 的任何一个线性组合，因变量 y 的方差服从齐性要求。也就是说，残差必须符合方差齐性要求。

在实际应用中，如果只是简单地讨论自变量 x 和因变量 y 之间的关系，而不需要根据自变量 x 的取值范围去预测因变量 y 的可信区间的话，那么条件（3）和条件（4）可以适当降低要求。另外，线性回归模型只是用来解释两个变量之间的相关关系的，不能任意延伸为解释两个变量之间的因果关系。

15.1.2　例题及统计分析

通常是先有相关关系再有回归影响关系，所以在实践过程中，一般是先进行相关分析再做线性回归分析。为了让读者对这两种方法有更好的对比和理解，本例中仍然使用第 14.1.2 中所采用的案例和数据。

（1）打开"直线相关分析.sav"，将其另存为"简单线性回归.sav"。在数据视图中，点击"分析—回归—线性"，在弹出来的"线性回归"对话框中，将"手机价格"选入"因变量"列表框中，将"月收入"选入"自变量"列表框中，如图 15.1 所示。

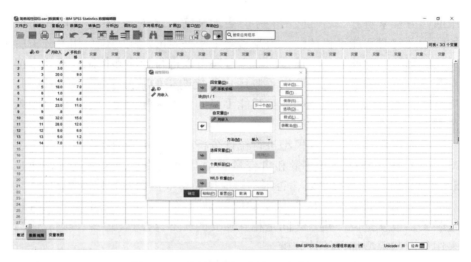

图 15.1　简单线性回归分析对话框设置

在实际应用中，如果建立归回模型的目的不仅仅是寻找变量之间的影响因素，而且还需要对因变量进行预测，那么需要在数据集中计算出预测值、个体参考值范围等，这就需要在图 15.1 对话框中点击右侧的"保存"按钮，在里面勾选相应的功能以便进行进一步的分析。由于本例并非用于预测，因此无需进行相应的勾选和设置。

（2）点击"确定"后，会得到 4 张表格，如图 15.2 所示。其中，15.2（a）是对回归模型中各个自变量进入模型分析过程的情况汇总。本例中，我们只有一个自变量"月收入"，没有其他变量。

输入/除去的变量[a]

模型	输入的变量	除去的变量	方法
1	月收入[b]	.	输入

a. 因变量：手机价格

b. 已输入所请求的所有变量。

图 15.2（a）　输入/移除的变量

图 15.2（b）是对回归方程模型拟合情况的简单汇总描述，我们可以看出相关系数 $r = 0.980$，与第 14.1.2 中所得到的结果一致（SPSS 中使用了大写的 R）。相关系数 R 的平方称为决定系数，其取值范围在 0 ～ 1 之间，表示自变量所能解释的方差在总方差中所占的百分比，这个值越大说明模型的效果越好，也就是说，决定系数越大该因素所起的作用也越大。本例中 $R^2 = 0.961$ 接近于 1，说明所构建的回归方程模型可以解释因变量 96.1% 的变异，反过来也成立，即如果能够控制自变量取值不变，那么因变量的变异程度会减少 96.1%。调整后的决定系数（R^2）主要用于自变量数量不同的模型拟合效果进行相互对比，在简单回归模型中没有使用价值。

模型摘要

模型	R	R 方	调整后 R 方	标准估算的错误
1	.980[a]	.961	.958	1.0372

a. 预测变量：(常量), 月收入

图 15.2（b）　线性回归模型拟合情况

图 15.2（c）是对回归方程模型进行方差分析的结果。从图中可以看出，方差分析结果 $F = 295.359$，$p = 0.000 < 0.05$，所以回归模型有统计学意义。由于本例中只有一个自变量，因此，这个自变量的回归系数有统计学意义（并非由抽样误差产生）。

ANOVA[a]

模型		平方和	自由度	均方	F	显著性
1	回归	317.728	1	317.728	295.359	<.001[b]
	残差	12.909	12	1.076		
	总计	330.637	13			

a. 因变量：手机价格

b. 预测变量：(常量), 月收入

图 15.2（c）　方差分析结果

图 15.2（d）为回归系数表，该表中列出了回归方程中的常数项、回归系数的估计值和检验结果。从结果中我们可以看出，$a = -0.351$，$b = 0.463$，因此我们可以直接得出回归方程：手机价格 $= -0.351 + 0.463 \times$ 月收入。根据这个回归方程，可以看出，当月收入为 0 时，手机价格为 -0.351，当然这只是个理论值，因为手机价格不可能为负值。此外，当月收入每增加一个单位（千元），用户所购买的手机价格会平均增加 0.463 个点。

系数ª

模型		未标准化系数		标准化系数	t	显著性
		B	标准错误	Beta		
1	(常量)	-.351	.422		-.831	.422
	月收入	.463	.027	.980	17.186	<.001

a. 因变量：手机价格

图 15.2 （d）　　回归系数表

15.2　多重线性回归

15.2.1　基本概念

上一节介绍的简单线性回归模型只包含了一个自变量，相比之下，本节介绍的多重线性回归模型是指包含了两个或两个以上自变量的回归模型。以两个变量为例，下面给出了多重线性回归方程模型：

$\hat{y} = a + b_1 x_1 + b_2 x_2$，其中，$x_1$ 和 x_2 均为自变量，$\hat{y}$ 是 y 的估计值或预测值；a 是常量，它指的是当 x_1 和 x_2 均为 0 时，回归直线在 Y 轴上的截距；b_i 称为回归系数，表示在其他自变量不变的条件下，b_i 所对应的 x_i 每变化一个单位，所预测的 y 的平均变化量。

多重线性回归模型的适用条件和 15.1.1 中所介绍的简单线性回归模型的适用条件大体一致，也包括线性条件、独立性条件、正态性条件和方差齐性条件等四个条件。但为了保证参数估计值的稳定，多重线性回归模型还多了一个样本量的要求。在实践过程中，一般根据自变量的个数来确定样本量的大小。比如，多重线性回归模型中纳入了 3 个自变量，则样本量至少需要保持在 60 个以上，也就是说需要达到自变量个数的 20 倍以上。读者需要注意的是，若少于这个数，则可能会产生检验效能下降的问题。另外，与简单线性回归方程模型类似，多重线性回归方程模型在应用之前，也需要先做出散点图，观察变量之间的趋势之后再进行分析，这个步骤非常重要，不能随意省略。

与简单线性回归方程模型不同的是，多重线性回归方程模型中纳入了多个自变量，因此在分析过程中涉及自变量的筛选方法。SPSS 中提供了进入法、向前法、向后法、逐步回归法、删除法等几种不同的方法，这些方法可以简化分析人员的工作，读者可根据实际情况选择不同的方法。

15.2.2　例题及统计分析

某课题组拟研究个人月收入情况和智能手机本身性能跑分情况这两者对所购买的智能手机价格的影响。表 15.1 给出了随机取样的 28 个样本的测量值。请根据下表做多重线性回归分析。

表 15.1　调研得到的 28 名智能手机用户的个人月收入和
所使用的智能手机跑分情况以及手机的价格

ID	1	2	3	4	5	6	7	8	9	10	11	12	13	14
月收入／千元	0.6	3	20	4	18	1	14	23	0.8	32	28	9	5	7
手机跑分／千	21	58	76	61	75	34	65	120	51	140	130	85	45	30
手机价格／千元	0.5	0.8	9	0.7	7	0.8	6	11	0.6	15	12	6	1.2	1

续表 15.1

ID	15	16	17	18	19	20	21	22	23	24	25	26	27	28
月收入/千元	9	38	15	20	33	16	18	35	31	37	28	21	30	7
手机跑分/千	80	190	88	62	150	93	107	120	90	180	106	69	100	45
手机价格/千元	4	16	5	4	12	7	8	11	10	14	7	5	10	3

使用多重线性回归分析时，比较重要的假设有以下 5 个：

假设 1：线性条件，即自变量和因变量之间存在线性相关关系

假设 2：独立性条件，即各观察值之间相互独立，残差之间不存在自相关

假设 3：正态性条件，即残差接近正态分布

假设 4：方差齐性条件，即残差满足方差齐性要求

假设 5：多重共线性，即自变量之间不存在多重共线性

如果违反了上述假设中的某一个或某几个，就会导致多重线性回归分析的结果不稳定。

（1）检验假设 1：线性条件

前文已经介绍过，为了检验连续性变量之间是否存在线性关系，可以通过绘制自变量和因变量之间的散点图来考察。图 15.3（a）和图 15.3（b）分别给出了"月收入"和"手机价格"以及"手机跑分"和"手机价格"所对应的散点图。从这两张图可以看出，"月收入""手机跑分"两个自变量都和"手机价格"这个因变量之间存在正相关关系。因此，本案例的数据满足假设 1 的要求。

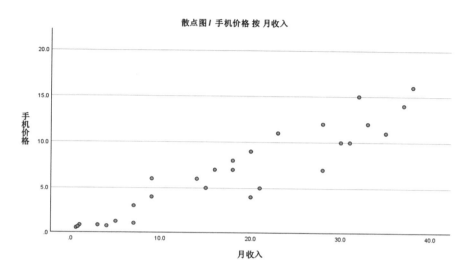

图 15. 3（a） 月收入和手机价格的散点图

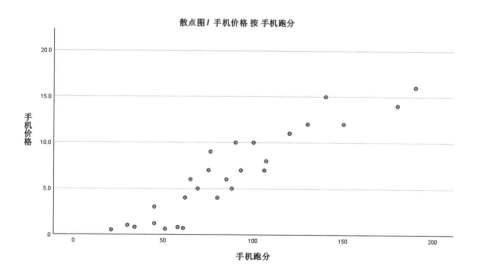

图 15. 3（b） 手机跑分和手机价格的散点图

213

（2）检验假设2：独立性条件

为检验各个变量的观察值之间是相互独立的，即残差之间不存在自相关，可以使用 Durbin-Watson（德宾－沃森）检验。在数据视图中，点击"分析—回归—线性"，在弹出来的"线性回归"对话框中，将"手机价格"选入"因变量"列表框，将"月收入"和"手机跑分"选入"自变量"列表框，接下来点击右侧的"统计"按钮，在弹出来的"线性回归：统计"对话框中，勾选"残差"下的"Durbin－Watson（德宾－沃森）"复选框，如图15.4（a）所示。

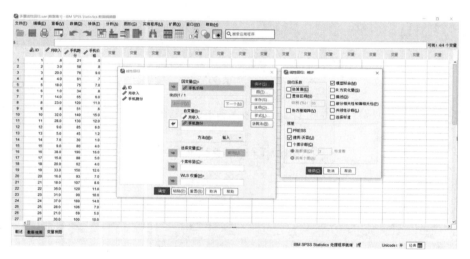

图 15.4（a）　Durbin-Watson 检验对话框设置

图 15.4（b）给出了 Durbin-Watson（德宾－沃森）检验的结果。Durbin-Watson（德宾－沃森）统计量的取值范围介于 0～4 之间。如果接近于 0，说明存在正自相关；如果接近于 4，说明存在负自相关。一般来讲，如果 Durbin-Watson（德宾－沃森）取值范围介于 1～3 之间时，就可以肯定残差间是相互独立的。本案例结果为 1.823，满足这一要求，因此本案例的数据满足假设 2 的要求。

模型摘要^b

模型	R	R 方	调整后 R 方	标准估算的错误	德宾-沃森
1	.961^a	.924	.917	1.3652	1.823

a. 预测变量：(常量)，手机跑分，月收入

b. 因变量：手机价格

图 15.4（b）　Durbin-Watson（德宾－沃森）检验结果

（3）检验假设 3：正态性条件

多重线性回归假设中的正态性指的是残差近似服从正态分布。在上一步的"线性回归"对话框中，点击右侧的"图"按钮，在打开的"线性回归：图"对话框中，勾选"标准化残差图"中的"直方图"和"正态概率图"两个复选框，如图 15.5（a）所示。

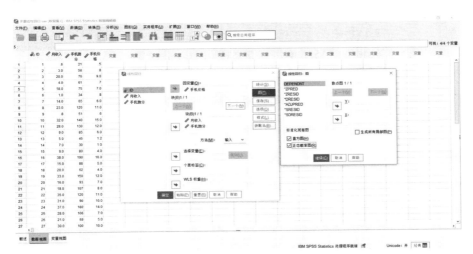

图 15.5（a）　正态性检验对话框设置

图 15.5（b）和图 15.5（c）分别给出了残差正态性检验的直方图和 P－P 图结果。从两幅图中可以看出，模型的残差基本上服从正态分布，没有严重偏离正态性假设，因此本案例的数据满足假设 3 的要求。

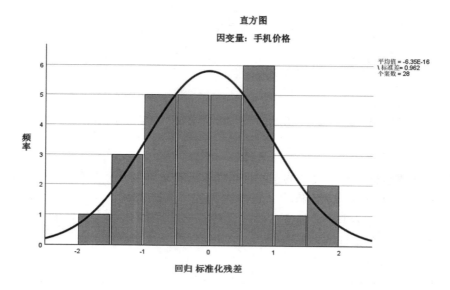

图 15.5（b）　正态检验的直方图结果

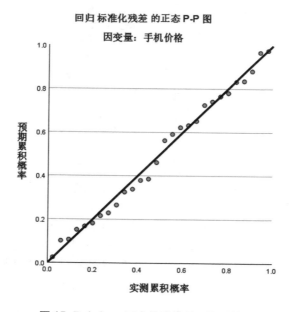

图 15.5（c）　正态检验的 P－P 图结果

（4）检验假设 4：方差齐性条件

多重线性回归方差齐指的是各组的残差项在不同自变量取值下保持一致的离散程度，这一指标可以通过绘制标准化预测值与标准化残差的散点图来进行检验。仍然是在上一步的"线性回归"对话框中，点击右侧的"绘图"按钮，在打开的"线性回归：图"对话框中，将"ZPRED（标准化预测值）"选入 X 坐标，将"ZRESID（标准化残差）"选入 Y 坐标，如图 15.6（a）所示。

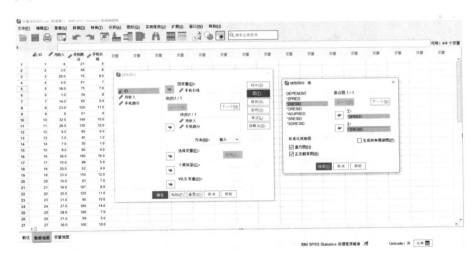

图 15.6（a）　标准化预测值和标准化残差的散点图设置

最终得到的结果如图 15.6（b）所示。通常来讲，如果残差的绝对值大于 3，就需要引起研究人员的注意；如果大于 5，就需要进行更有针对性的分析和评估。本案例中，散点基本上均匀分布在 ±2 以内，无明显趋势。因此，可以认为本案例的数据满足假设 4 的要求。

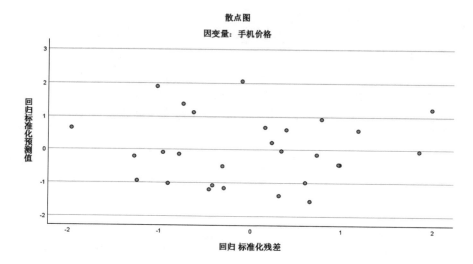

图 15.6（b）　标准化预测值和标准化残差的散点图结果

（5）检验假设 5：多重共线性条件

多重线性回归方程中一般含有两个或两个以上的自变量，如果这些自变量之间高度相关，就会出现多重共线，不仅影响到自变量对因变量变异的解释能力，还会影响到整个多重线性回归方程模型的拟合。这一指标可以通过容忍度/方差膨胀因子来检验。仍然是在上一步的"线性回归"对话框中，点击右侧的"统计"按钮，在打开的"线性回归：统计"对话框中，勾选"回归系数"中的"估算值"复选框以及"共线性诊断"复选框，如图 15.7（a）所示。

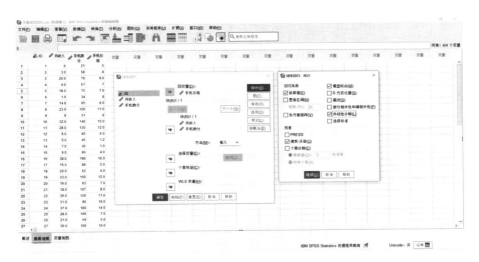

图 15.7（a） 多重共线性检验对话框设置

最终得到的结果如图 15.7（b）所示。SPSS 同时输出 VIF 和容忍度两个值，实际上容忍度是 VIF 的倒数，二者选其一即可。通常来讲，当 VIF 值大于 5（或者容忍度小于 0.2）时，模型存在严重的多重共线性问题。本案例中，"月收入"和"手机跑分"的 VIF 值均小于 5，所以可以认为本案例的自变量之间不存在严重的多重共线性问题，满足假设 5 的要求。在实际应用中，如果存在严重的共线性问题，就可以通过移除共线性变量、使用逐步回归或者增加样本量的方式进一步处理。

系数ᵃ

模型		未标准化系数		标准化系数			共线性统计	
		B	标准错误	Beta	t	显著性	容差	VIF
1	(常量)	-1.607	.623		-2.581	.016		
	月收入	.206	.045	.522	4.608	<.001	.238	4.203
	手机跑分	.052	.013	.471	4.154	<.001	.238	4.203

a. 因变量：手机价格

图 15.7（b） 多重共线性检验结果

（6）最后，根据15.7（b）的结果得到多重回归线性方程模型如下：

$$\overparen{手机价格} = -1.607 + 0.206 \times 月收入 + 0.052 \times 手机跑分$$

15.3　章节习题

1. 相关分析有什么缺陷？

2. 该用什么方法对回归系数 b 进行假设检验？

3. 什么是残差？

4. 线性回归方法有什么优势？

5. 应用简单回归方程模型进行统计分析时应满足哪几个前提条件？

6. 请用线性回归分析的方法继续分析本书第14章习题第5题中电影评分与票房之间的关系。

编号	1	2	3	4	5	6	7	8	9	10
评分（分）	4.5	8.8	5.3	7.7	3.8	8.4	8.3	6.8	7.9	7.5
票房（千万）	12.5	78.6	18.8	62.1	9.1	75.6	64.5	39.2	51.3	53.9
编号	11	12	13	14	15	16	17	18	19	20
评分（分）	3.6	8.1	6.2	7.7	4.9	3.6	2.4	5.4	3.4	6.7
票房（千万）	7.0	68.9	29.3	51.7	20.4	4.9	0.9	18.1	5.3	29.4

7. 什么是决定系数？

8. 请写出多重线性回归方程模型。

9. 多重线性回归模型的前提条件有哪些？

10. 某课题组拟研究电影评分与电影热度对电影票房的影响，下表给出了随机取样的40个样本的测量值，其中电影热度通过选取电影在上映期间某社交平台上日均讨论量来反映，请根据下表做多重线性回归分析。

编号	1	2	3	4	5	6	7	8	9	10
评分（分）	4.5	8.8	5.3	7.7	3.8	8.4	8.3	6.8	7.9	7.5
日均讨论量（千）	1.2	24.3	8.9	19.8	0.9	20.2	19.9	9.6	14.2	17.4
票房（千万）	12.5	78.6	18.8	62.1	9.1	75.6	64.5	39.2	51.3	53.9
编号	11	12	13	14	15	16	17	18	19	20
评分（分）	3.6	8.1	6.2	7.7	4.9	3.6	2.4	5.4	3.4	6.7
日均讨论量（千）	1.8	24.2	4.7	20.1	7.7	1.3	0.7	6.0	0.2	9.5
票房（千万）	7.0	68.9	29.3	51.7	20.4	4.9	0.9	18.1	5.3	29.4
编号	21	22	23	24	25	26	27	28	29	30
评分（分）	5.2	5.9	6.0	7.7	4.4	8.4	6.3	7.7	5.9	8.5
日均讨论量（千）	2.9	5.3	7.3	14.8	1.6	19.5	9.7	12.6	8.0	28.5
票房（千万）	11.7	14.7	14.8	36.5	10.0	43.2	27.7	35.0	21.1	52.4
编号	31	32	33	34	35	36	37	38	39	40
评分（分）	4.2	9.1	7.0	4.7	5.6	4.2	2.8	6.1	3.9	7.6
日均讨论量（千）	1.5	30.3	10.4	4.8	5.4	2.4	0.9	12.3	0.4	13.1
票房（千万）	8.9	89.9	20.1	11.3	15.6	7.9	2.9	17.5	8.1	20.1

11．Durbin – Watson（德宾 – 沃森）取值在什么范围内，则变量间满足相互独立的条件？

12．如何验证多重共线性条件？

第16章 用户行为研究实验总结

本章主要介绍实验完成之后如何总结实验数据和结果，包括数据的保存、备份和隐私问题、数据的分析问题、数据的汇报和展示问题以及实验结果的交流和传播问题等一系列问题。

16.1 数据的保存、备份和隐私

所有在实验过程中所收集的数据都涉及隐私问题，与实验无关的其他人员不得接触到实验过程中所直接收集到被试的行为数据以及其他的个人信息。通常，涉及被试的个人信息需要在实验结束后进行匿名化处理，实验过程中录制的一些被试的视频或者语音资料以及被试填写的一些其他的纸质文档资料都应该交由课题或项目负责人专门放在保险柜或者其他保密的地方妥善保管。

16.2 数据的分析

涉及数据分析的问题非常多，有时候研究人员得到数据并进行分析之后会将结果投稿到某一个杂志或者某一场学术会议。会议的审稿周期相对短一些，但 HCI 的杂志审稿周期通常在半年以上，有的杂志甚至需要一到两年。为了防止遗忘，研究人员最好将数据分析的过程仔细、规范地以文档的方式记录下来。如果数据需要一定的修改或者转换形式，则最好是将原始数据复制一份，然后在备份文件中修改并且做好标记，而不要在原始数据文件中直接修改。

分析数据的时候，不能只关心数据的均值，还应该考虑数据的方差或者标准差等因素。尽管均值是反映数据存在差异的主要因素，但是方差或标准差却能够反映出数据的分布趋势和离散程度。

数据分析过程通常包含两种类型，描述性统计分析和推论性统计分析。描述性统计分析涉及样本数据的均值、方差、标准差、最大/小值、中位数等描述性的结果；描述性统计通常展示的是相对浅层次的直观的分析结果，在汇报数据分析结果的时候通常先汇报这一部分的结果。虽然相对简单直观，但是描述性统计无法从统计学意义上给出更有力的证据，比如两个样本的数据均值有一定的差异，但是无法判断这个差异是否明显，也无法判断实验误差是否是因为实验抽样引起的。

推论性统计则能够在统计学意义上给出更高置信度的推论性结论。当然，在下推论性统计结论之前，必须确保所使用的统计学方法是正确的。有很多研究人员不清楚到底什么时候该用配对样本检验什么时候该用独立样本检验，甚至还有些研究人员没有进行正态分布检验就直接使用了参数统计方法，在实践中这些都是需要避免的。

16.3　数据的展示

经过严谨的数据分析过程之后，接下来可能会面临如何将数据更好地展示出来以便与他人进行交流的问题。数据的展示和可视化方案有很多，没有统一的标准。"一张图胜过千言万语"，用图示的方法展示数据比直接用 Excel 表格展示原始数据效果要好得多。用来做数据可视化的软件和平台也有很多种，大致可以分为三大类：

（1）使用通用的开发语言或者成熟的商业 API 进行可视化的展示，例如 C＋＋，Java，HTML5 和 OpenGL 等。这种方法灵活性较高，不受既定软件模板数量和种类的限制，可以自由开发很多不同的可视化方案，但是这种方法开发门槛较高，必须具有一定的计算机编程基础和美学设计基础才能掌握。

（2）使用一些专业的可视化开发语言或者库文件进行数据可视化表达，比如 D3. js、Processing 或者 Flex Flare 等。相比于第一种方法，这种方法技术门槛降低，但灵活性却比不上第一种方法。

（3）使用第三方可视化制作分析软件。微软公司的 Excel 本身就支持很多常见的可视化效果图，例如散点图、折线图、柱状图、饼状图、股价图、雷达图以及其他的各种组合图等。除此之外，还有其他的一些专业的第三方可视化工具软件，例如 Tableau Desktop、Google Public Data Explorer、Protovis、Any chart、Many Eyes 等。这种第三方软件最容易掌握，因为不需要掌握太多的编程技巧，学习起来门槛较低。但是这种方法灵活性较差，所能展示的可视化效果受制于软件本身内置的模板，如果软件模板本身不支持所希望得到的可视化效果，那么研究人员只能另辟蹊径。

16.4　研究结果的交流和传播

HCI 的实验研究结果可以以多种形式进行交流和传播，例如技术报告、会议论文、期刊论文、编著教材或者出版专著以及申请专利和软件著作权等不同的形式。

其中，技术报告通常用来作为对项目资助机构的一个总结性汇报，既可以汇报一个研究项目的最终结果和结论，也可以汇报阶段性的工作进展。

会议论文的好处是速度快、覆盖面广、传播效果好等，通常一个 HCI 的会议审稿周期只有 1 个月左右，一旦录用之后，研究成果就可以以口头报告（Oral）或者张贴海报（Poster）的形式进行交流，具体选择哪种形式取决于论文的质量，口头报告的论文会比张贴海报的论文档次高一些。如 HCI 的国际顶级大会 ACM CHI、IUI 和 UIST 等，参会人数通常在几千人左右，论文一旦发表则会收录在会议论文集中并进入 ACM 数据库里，全世界相关领域的研究人员都有机会下载并查阅，因此影响力巨大。考虑到会议论文的审稿期较短，所发表的论文大都是研究团队最近的成果，因此将一个实验研究结果以论文形式发表在会议上进行交流是一个比较不错的选择。

另外一种方式是期刊论文，目前 HCI 的期刊尤其是 SCI 期刊审稿周期相对较长，短则半年长则一到两年。因此，读者所读到的期刊论文的研究成果可能是某个研究团队一两年前的成果。但期刊论文的审稿门槛相对较高，对数据的质量要求也很高。会议一般要求论文的作者之一必须参加会议，如果是 Oral 论文则需要在大会的某个 Session 中面向听众进行现场论文宣读；而如果是 Poster 论文则需要作者在海报张贴现场为赶来交流的读者和科研人员进行内容的讲解。因此，算上会议注册费、住宿费和交通费，发表一篇会议论文动辄几千甚至上万元。相比会议论文，期刊论文成本可能没那么高。有些期刊论文会收取一两百元钱的审稿费，有的不收审稿费但需要一两千元钱的版面费（取决于文章的页数以及作者是否要求彩页）。国际上很多 SCI 期刊论文既不收审稿费也不收版面费，但这些杂志社的论文并非面向所有互联网读者开放，若读者想要阅读或者下载期刊论文，其所在高校或科研机构必须购买了论文所属数据库的使用权。目前很多高校的图书馆就购买了诸如 ACM 和 IEEE 等多个电子数据库的使用权，因此高校教师和学生可以通过学校图书馆自行下载期刊文章。但对于没有购买版权的高校科研人员来说，想要下载期刊论文就需要在网上支付一定数额的金钱。因此，现在有的期刊在作者投稿的时候设置了一个选项，就是询问作者是否同意将该论文的权限设置为"Open Access"，一旦作者同意，那么只要在能上网的地方，读者都可以将该论文下载下来。所以有很多研究人员为了提高自己论文的传播效果、影响力及引用率，愿意将自己的论文设置为 Open Access，但要自掏腰包为此付出一定的费用。不管怎么说，相比于普通的会议论文，目前国内很多高校和研究机构普遍更重视期刊论文，尤其是 SCI 索引的期刊论文。因此，作为 HCI 的博士研究生毕业和研究人员或高校教师评职称来说，也有很多人喜欢选择将他们的研究结果发表在期刊上。

　　除此之外，研究人员还可以将他们的研究成果以教材、专著、专利或者软件著作权的形式进行传播交流。本章就不再赘述了。

　　总的来说，一个实验的完成并不意味着一个研究课题的结束，相反，实验结果可能会孕育一个新的研究，因为研究结果中可能包含一些有趣的发现，产生一些新的实验任务和实验假设等。

16.5　章节习题

　　1. 在下推论性统计结论之前，需要注意什么？

　　2. 数据的展示最好用什么形式？

习题答案

第 1 章　人机交互的定义和历史

1. 答：人机交互（简称 HCI 或 HMI）是一门研究用户与具有计算能力的系统之间的交互关系的交叉学科，涉及系统的设计、实施、评估和其相关的主要现象。

2. 答：人机界面是有效连接人机互动的媒介，以帮助人与计算系统进行交流与互动。人机界面可以是硬件界面，如鼠标、键盘等，也可以是软件界面，如 Word、Excel 等应用程序。有可见可触的多点触控界面，也有基于语音识别的用户界面等。

3. 答：人机交互过程可以简化为：用户通过输入设备向计算系统输入信息，计算系统对输入信息进行加工处理之后再通过输出设备反馈用户，用户再根据反馈信息判断和决定下一步操作的过程。

4. 答：人机交互的信息流模型展示了信息在人与计算机之间的流动过程，将计算机看作是与人一样的认知主体，计算机对信息的感知、认知与加工处理过程是模拟人的感知、认知和加工处理过程。该模型可以用来指导人机交互和界面系统的设计。首先，计算机感知（输入）过程要符合用户的行为习惯，即有能力对用户的输入意图做出理解和响应；其次，计算机的行为（输出）过程要符合人的知觉特点，如可视化的呈现，合适的色彩搭配与构图等；最后，计算机的知识处理过程需要减轻人的认知负荷。

5. 答：四个时代分别为：穿孔卡片时代、命令行时代、图形用户界面时代、自然用户界面时代。

6. 答：图形用户界面可以借助鼠标设备直接在界面上进行点击、选择、拖动等操作，不需要输入复杂的 DOS 指令，大大提高了交互效率，也降低了用户的认知负荷；图形用户界面的图标、窗口、和鼠标等形式的组合为用户提供了更加直观的交互体验，具有"所见即所得"的特点；与命令行界面相比，图形用户界面可以输出更加多样化的结果，如文本、图片、视频等。

7. 答：自然用户界面可调动用户的听觉、嗅觉、触觉等其他感知通道，大大提高信息传输的效率，并降低 3 维物理空间与 2 维信息空间映射过程中交互维度的缺失和信息不对称给人们造成的认知负载，实现像人与人交流一般的自然无拘束的交互体验。

8. 答：WIMP 界面范式是图形用户界面的主流范式，其中的 W、I、M、P 分别指的是窗口（Window）、图标（Icon）、菜单（Menu）、指点设备（Pointing device），指点设备通常指代鼠标。

9. 答：

首先，WIMP 界面范式以桌面为隐喻，制约了人与计算机的交互，目前已经成为信息流动的瓶颈。

其次，多媒体技术的引入只是拓宽了计算机输出的带宽，用户到计算机之间的输入带宽并未提高。

再次，WIMP 界面范式仅支持精确和离散的输入，无法处理同步操作，不能利用听觉和触觉。

最后，WIMP 界面范式无法适应以虚拟现实为代表的计算机拟人化和以手机为代表的移动计算。

10. 答：WIMP 界面范式会随着自然用户界面进化的过程逐渐向 Post-WIMP 范式和 Non-WIMP 范式转变。Post-WIMP 界面也称"后 WIMP 界面"，是指用户界面中至少包含了一项不同于图标、窗口、菜单或指点设备的界面元素，如手势/语音交互。当人机交互真正进化为自然交互时，WIMP 界面中的四大元素将全部消失，界面变得透明，能够主动感知用户的行为和意图，实现真正的 Non – WIMP 范式。

11. 答：为了能够将用户在 3D 物理空间中养成的心智模型应用到计算机所提供的 2D 信息空间中，人机交互中使用了大量隐喻，使得用户可以使用在物理空间中熟悉的交互模式进行工作。如物理桌面隐喻为系统桌面，将物理文件隐喻为数字文件，将物理垃圾箱隐喻为回收站。再如 Photoshop 中的橡皮擦隐喻，套索隐喻，画笔隐喻。这些隐喻的设计能够降低学习门槛、减轻用户的认知负载。

12. 答：

	计算机功能变迁	用户变迁
主机时代	专业的计算工具	专业人士
PC 时代	办公用品	初等教育，专业术语及英语
移动计算时代	提供上网及各种服务	普通用户，随时随地使用
普适计算时代	生活必需品	无需输入输出设备，自然交互

第2章　用户行为研究的意义和作用

1. 答：（1）发现一般规律；（2）收集客观证据；（3）可测试性；（4）明确的假设；（5）怀疑的精神；（6）开放的态度；（7）勇于创新的精神；（8）分享研究发现和成果；（9）多产的成果。

2. 答：

（1）更好地理解用户心理。挖掘用户隐藏的心智模型和行为模式。

（2）更好地理解已有的研究。因为对于某些有趣的问题，研究人员需要模仿或者复制已有的研究，然后在那些研究之上继续深入研究和解决新的问题，这就需要研究人员具备阅读和科学解释研究报告和实验结果的能力。

（3）准确地评估已有的研究。即使在某些顶级的人机交互期刊中，依然有论文存在缺陷和问题，比如不符合实际情况等。

（4）有能力鉴别信息的真伪。

（5）提高研究人员的科学素养。当掌握一定的科学研究方法之后，我们就有能力质疑那些有问题的证据并从正确的数据和证据中受益，进而做出正确的决策。

（6）让研究人员在人才市场上更加抢手。

（7）提高研究人员从事科研的能力。

3. 答：

（1）客观的度量指标；

（2）跟踪这些度量指标；

（3）使用这些度量指标来判定变量之间的相关程度；

（4）准确地观察，所观察到的用户行为模式准确地反映了通常发生的情况。

4. 答：小样本研究会忽略一些本来存在的关系，例如身边有几位抽烟但是没有确诊肺癌的朋友，于是得出抽烟与肺癌之间没有关系的结论；小样本研究的另一个问题在于研究结果所发现的关系并不能反映总体的关系。

5. 答：为了将研究结果泛化，研究人员通常会再做两件事情：一是收集一定规模数量的随机样本行为数据；二是使用概率统计的方法来判定本研究所得出的结论有多大的可能性是由随机误差引起来的。

6. 答：通常有以下几个来源：（1）回溯研究；（2）归档数据；（3）观察；（4）测试。

7. 答：对原始数据进行编码是一项比较有挑战的工作，因为研究人员必须将一些原始的图片、音视频文件、脚本、活动日志或者其他形式的资料转换为自己项目可识别的信息，然后进行客观分析，这一过程通常也被称为内容分析。

8. 答：在使用内容分析技术之前，需要先定义好编码目录，定义目录的分类方法可以参考相关的研究，或者通过预实验来确定。确定好目录之后，下一步就是将实验样本分配到各个所属目录和类别中。研究人员可以在此基础之上，统计每个目录之下特定主题和词语出现的频次。

9. 答：观察研究有三种类型：实验室观察，自然观察，参与式观察。

10. 答：自然观察和参与式观察通常要求研究人员在未经允许的情况下偷偷地收集样本数据。相比自然观察，参与式观察的争议更大，因为自然观察中，研究人员与样本之间还保持了一定的物理和心理上的距离，而在参与式观察中，要求研究人员冒充被试并参与到他们的生活之中。

11. 答：观察法存在的问题主要表现在：不管是使用自然观察法还是参与式观察法，一旦被试知道了他们正在被观察，他们所表现出来的行为将可能不再是他们在自然条件下的本能的和自然的行为；即使被试还是表现得很自然，但是由于研究人员参与到被试活动中，研究人员在记录数据的时候很可能也不再是保持客观和准确了。

12. 答：针对观察法存在的问题，研究人员可采取以下对策：

为被试提供一个不会被打扰的环境，如果做不到，最好让被试与研究人员保持一定的距离，让被试注意不到研究人员。如果研究人员实在无法隐藏，那么就让被试对研究人员习以为常；

针对记录数据过程中可能出现的偏离客观和准确的问题，可以安排多个研究人员同时记录，然后再利用统计学中的 Cohen's kappa 的一致性方法评估几个不同的观察者的意见是否一致。

13. 答：对观察者的训练有以下三个要求：

（1）准确地划分出各个目录和分类并给出定义，然后举例说明什么样的用户行为应该被划分到哪个目录和分类中；

（2）邀请观察者事先针对一些样本用户行为数据做一下测试，看看他们能不能准确地分类，如果分类不对，观察者需要被告知他们为什么出错，应该如何分类；

（3）继续这个训练过程直到所有的观察者都能够达到 90% 以上的分类正确率。

14. 答：测试方法与其他相关性研究方法一样，不允许研究人员建立因果关系，并且只有当实验抽样样本非常具备代表性的时候才能够将实验结果泛化。

第 3 章 用户行为研究实验方法

1. 答：简单实验，多组实验以及因子实验。

2. 答：简单实验一般包含两组被试。在实验开始之前，这两组被试的特征不应该有显著性差异。在实验中，研究人员对两组被试分别施加不同的实验处理，如布置不同的实验任务等等。在简单实验中，通常有一半的被试接受实验处理，这组也被称为实验组；而另外一半的被试不接受任何的实验处理，这组也被称为控制组。如果实验结束之后经过统计分析发现，实验组和控制组之间存在着显著的差异，那么我们就可以下结论说实验处理对被试产生了影响。

3. 答：实验无法发现有影响的证据，很可能是由于目前的实验条件还不够成熟，或者样本量不够，还不足以引起显著性差异，在当前实验结果的基础上我们无法下任何结论。

4. 答：在简单实验中可以通过两种方式操纵自变量，改变实验处理的类型或者改变实验处理的数量/程度使自变量发生变化。

5. 答：当研究人员想要比较三个或以上的实验处理的时候，就需要用到多组实验。在多组实验中，研究人员需要将被试随机分配到三个或以上不同的组，然后让这几组被试分别接受不同的实验处理条件。

6. 答：通常一个多组实验的差异可以分为两部分。

（1）组间的差异。除了实验处理造成的组与组之间的差异之外，即便是给不同组都施加了相同的实验处理，不同组之间也可能会有不同的观察值，这是由随机误差造成的。因此，组间差异通常由两部分构成，一是实验处理所产生的差异，二是随机误差所造成的差异。

（2）组内的差异。尽管我们将被试分为三个或三个以上不同的小组，但是在每个小组内部的所有被试都是接受同样的处理。因此，组内的差异通常是由随机误差产生的，而非由实验处理产生。

7. 答：因子实验指的是在一个单一的实验中研究两个或以上的自变量（因子）的效应。比如在一个 2×2 的因子实验里，我们有 2 个自变量，而每个自变量有 2 个水平变化，总共会产生 4 个实验处理。实验过程中，研究人员将被试随机分配到 4 个处理中的一个。

8. 答：在因子实验中，实验处理效应可能分为两种情况，一种情况是只有各个因素的主效应产生了影响，称这种情况为没有交互作用的因子实验；另外一种情况是，不同的因素共同产生了一种新的效应，我们把它称为交互效应。

第 4 章　用户行为研究实验流程

1. 答：明确研究问题及实验假设—设定实验任务并配置实验环境—

评估潜在的伦理问题并征得被试的知情同意—预实验—准备实验脚本—发布实验信息并招聘被试—运行实验—分析实验结果并完成实验研究—重复以上步骤—报告实验结果。

2. 答：实验假设是指事先假定通过改变自变量会引起因变量的变化，比如我们可以假设被试使用某软件的时间会影响被试使用软件完成任务的成功率。更具体一点，我们可以指定假设的方向性，比如假设被试使用软件越熟悉，完成任务的成功率就越高。

3. 答：在实验中，研究人员通常要求被试完成一系列指定的任务。因此，在实验开始之前必须谨慎地选择实验任务并配置好实验环境，使被试可以在实验环境中从容地完成既定的实验任务。比如要比较遥控器和语音在交互式数字电视应用中的效率，那么必须保证有正常显示内容的电视屏幕，没有其他噪音的影响，且有识别语音的设备。另外，在给被试展示任务的时候也需要配置电脑以及软件工具。在配置实验环境的时候，还必须要考虑到在此环境如何收集数据并保证收集的数据有效。

4. 答：常见的伦理问题如：被试是如何被招募的、是否会得到报酬、实验过程中是否会收集被试的个人信息、在实验过程中会被要求执行哪些任务、参与实验会受到哪些潜在的伤害（包括心理和生理上）、实验所得到的数据将会如何保存及事后保密等。

5. 答：预实验是在主实验之前的初步研究，通常只需要招募少量的被试，对主实验所涉及的很多细节问题进行验证和评估。例如实验过程中所使用的软件是否能正常运行不出问题，或者如果实验过程中软件崩溃了是否有备选机制，实验语是否难以理解并且会误导被试。如果出现以上情况，研究人员就需要在正式实验中做出调整。

6. 答：预实验可以灵活的选择开展时间和地点，如在办公室或其他任何方便的地方；预实验招募的被试也不存在严格要求，可以选择研究人员的家人或者朋友等；预实验收集的数据不需要在学术成果或者报告中展示，因为预实验的作用是帮助研究人员预先了解实验因素的效应并对实验流程做出调整。

7. 答：预实验得到的数据有三个作用。一是可以帮助研究人员了解是否得到了方便后续进行统计分析的数据格式，实验设计和预期的分析目标之间是否存在逻辑差距和鸿沟等。二是尽管在预实验中样本量不多，统计功效也不是很强，但是实验人员可以从中了解到自变量是否对因变量产生了作用，变化的趋势与预期是否符合或者实验结果是可以解释的等。三是研究人员可以找到用来指导主实验的正式的或非正式的理论的边界，例如，如果不能使用某种理论来解释预实验的结果，那么研究人员可能就需要调整研究的方向，而如果方向改变很大则还需要再次经过伦理审查并得到批准后才能继续实验研究。

8. 答：首先，需要对实验数据进行备份，并且用不同方式多次备份；其次是确保实验数据被安全地保存在不同的地方；最后是确保实验所涉及到的所有有用信息都被保存下来，以免统计分析的时候需要却因没有记录而无数据可用。

9. 答：在实际做研究的过程中，研究人员通常发现最初的实验设计无法有效验证实验的假设并回答所关心的研究问题。实验过程中所收集到的数据总是会带来额外的问题，这就需要返回再次修改实验步骤或者重新评估自变量或因变量。尽管这一过程不是总是发生，但补充或者重复实验对进一步理解实验结果是非常重要的，尤其是在研究人员得到了十分有趣的实验结果的时候，重复整个实验或者至少重复其中的一部分来确保实验结果是可以被泛化的，或者实验本身是可以被其他研究人员重复的，将是一件非常重要的事情。

第5章　用户行为研究实验准备

1. 答：需要做的准备有：文献阅读—实验设备、材料、设计和预实验—招募被试—伦理审查。

2. 答：文献阅读的意义如下：

（1）从前人的工作研究中，可以很方便地得到有关实验设计、实验方法和流程、被试招募策略以及实验过程中可能会遇到的一些意外情况等重要的信息，这些信息有助于研究人员规避已有的风险，节省很多的人力、物力和财力，保证实验的顺利实施。

（2）对于无统计背景和实验设计基础的人来说，多阅读相关文献和报告来打好基础是必要的；对于熟悉人机交互和认知心理学知识，熟悉实验设计方法并掌握统计分析工具的研究人员，则需要多阅读与本人研究相关的已发表的文章，看看实验设计是否与前人重复，有哪些经验可以借鉴，有哪些可以创新。

（3）为了更好的分析人机交互领域的用户行为数据，研究人员还需要通过阅读文献学习其他的统计方法，例如回归。有时候，回归可以对实验数据做出更加鲁棒的预测，还可以预测因变量会朝什么方向变化以及自变量在多大程度上影响因变量。

3. 答：可以用 E-Prime 配合监控摄像头、录音笔或者键盘鼠标记录器等来获取，其他如定制的实验软件、EPrime 等商业软件、击键记录器、眼动仪等设备。

4. 答：眼动仪可以准确地记录被试眼睛注视的位置和眼睛运动的数据。研究人员可以将眼动数据视为两种用户行为的融合：一是在被试所关注的信息区域中的眼睛注视及停顿行为；二是在两次注视之间的眼睛快速扫视行为，此类行为数据可以提供用户与界面交互时大脑对信息的认知处理过程的有用信息。

5. 答：一般来讲，一个可用性实验室通常是特殊构造的房间，这个房间必须不受外界因素的影响（如噪音）；房间里面包含一个操作间和一个观察间，在观察间中研究人员可以观察任务环境并且记录用户的行为；为了完整记录所有人的行为数据，测试室应该可以灵活地改变空间和布局以适应不同人数需求的实验研究。

6. 答：因变量主要有：是否成功完成任务，这通常是简单的是与否的问题，研究人员可以据此得到被试多大比例上成功完成了任务；另外还有响应时间这类度量任务完成效率的指标，大多数情况下，在保证成功率的前提下，响应时间越短越好；另一类因变量指标来源于自陈法，调查问卷就是典型的自陈法，例如一个5点的或7点的里克特量表，根据里克特量表被试需要对给定的问题在1～5分或者1～7分打分，其中1分代表强烈反对，5分或7分代表强烈同意；错误数据也是需要被关注和统计的，包括被试在实验中完全失败或者在某些方面没有正确完成的次数。如果错误数据对某个研究无意义的话，那么最好是运行预实验并检测实验结果，使错误尽量不会发生。

7. 答：变量可以分为四种不同的类型：类别变量、顺序变量、等距变量以及等比变量。了解这些变量的分类是十分重要的，因为变量的类型决定了研究人员可以在这些变量的观察值（数据）上使用的数学统计方法，例如除了等比变量之外，对其他三种变量进行加减乘除是没有数学意义的，因为只有等比变量中才会出现绝对值"0"。此外，涉及统计方法的选择也是需要考虑变量的类型的，比如参数检验方法。相关性检验或者回归等就要求变量是等距变量或者等比变量，类别和顺序变量不能使用参数检验方法，只能够使用非参数检验方法，例如卡方检验等。

8. 答：

（1）尽可能多记录数据以及这些数据的标识符。在记录过程中，需要保证时间戳与相应的用户行为之间建立准确的关联关系，如果实验刺激随机出现，则要保证实验刺激与用户行为数据是匹配的。另外，多记录数据总是没错的，即使是那些当时看起来没用的数据。

（2）正确对数据进行分类和组织。使用专业软件对数据进行组织分类，确保数据按照标准格式进行存储和检索，否则以后会造成数据的混淆以至于无法分辨应该分析哪些数据。

（3）选择合适的数据存储格式。一种常见的通用数据存储格式是 CSV。

9. 答：

首先，应该从合适的群体中招募。需要考虑诸如年龄、教育背景、性别等因素。

其次，研究人员需要明确一个实验到底需要招募多少个被试，因为被试的数量将影响实验最终结果的泛化能力。通常来讲，被试数量越多，实验结果就越可靠。但是，在有限的资源的条件下，研究人员不得不认真考虑合理的被试招募数量。

最后，在渠道方面，对于某些简单实验，最简单的莫过于研究人员自身充当被试，在这种情况下，结果是可以泛化的；也可以邀请身边容易招募的被试来做实验，但实验结果可能泛化程度不高，这些被试难以代表总体。最理想的情况就是随机取样。

10. 答：伦理审查过程中会评估实验过程可能对被试造成的危害、研究本身是否符合伦理规范、研究是否符合法律法规的要求以及实验本身是否能够保证被试的合理权益等。

11. 答：实验之前，研究人员通常需要给被试看知情同意书，被试有权利知道在接下来的实验过程中将会发生什么，了解潜在的风险（即便风险很小也需要清楚地告知被试）和可能的受益（如有机会在新产品发布之前接触新产品）以及其他的一些实验细节。当被试在知情同意书上签字同意了之后，实验才可以开始进行。知情同意书的内容必须简单明了，避免使用行话或者晦涩难懂的专业术语。

第6章　用户行为研究实验实施

1. 答：主实验大概包含几个关键的步骤，欢迎被试、运行实验、事后检视和给被试提供金钱、礼品或者附加分等补偿。

2. 答：在很多关于手势的用户自定义设计实验中，通常也被称为 User Elicitation Study，邀请某系统的潜在用户参加实验，然后用户在毫无任何提示的情况之下，针对某些特定任务给出他们自己认为最理想的手势行为。在这种情况下，实验人员就不能给被试任何设计意见和参考，并且这些约束条件在实验之前就应该给被试说清楚。

3. 答：在人机交互实验过程中，如果实验人员发现了被试有些异常行为或者异常反应，最好是记录下来。有的时候，这些行为是由一些外界因素干扰引起的奇异数据，而非被试的正常反应，因此需要在实验的最后将这些数据作为异常样本剔除掉；有的时候，这些行为是由被试的内在因素引起的，例如被试的一些个性化特征，这些数据将有助于研究人员更好地分析被试之间心智模型和行为特征的差异性。

4. 答：若被试在实验开始前几天告知研究人员，实验人员则应该尽快招募新的被试；若被试在开始前几分钟通知或者未通知研究人员，实验人员不能责怪被试，因为被试完全是作为志愿者来参加实验的，实验人员对此要看得开，没有权利要求被试一定得按时来参加实验。为了保证实验顺利开展，需要重新确定时间和地点，并将结果及时通知其他被试。

238

5. 答：在很多实验中，被试都希望能够从实验中获得一些有益的信息，例如为什么要做这样的实验、实验结果是什么、研究的结论是什么。因此研究人员有义务在分析得出实验结果之后，让被试有机会了解这些实验的结果和结论。另外，如果被试在实验的过程中对某些方面产生了误解，甚至在心理或生理上受到了某种程度的伤害，比如因为长时间佩戴虚拟现实头盔而感到眩晕恶心，实验人员还应尽最大努力帮助被试纠正那些错误的认识，以及帮助他们在心理或者生理上减轻这些不同程度的伤害。

6. 答：实验时间过长，可能会出现软件崩溃、设备没电、机器崩溃等问题。这些问题研究人员都需要提前考虑到，并做好备案。如果过程中真的出现这些问题而不得不中止实验，研究人员需要给被试道歉并仍需要如约给与被试金钱、礼物等作为补偿。另外，如果被试认为实验太长或者太无聊可能会随时退出实验过程，这是被试应有的权利，研究人员应允许，而且这种反应也是实验所要度量的指标之一。

第 7 章　统计学基础

1. 答：统计学中所关注和研究的个体的全部被称为总体。在大多数情况下，总体是很大或者无限的，我们往往由于人力、物力或财力所限而无法对总体所包含的所有的个体信息进行全数收集并分析。所以只能从总体中抽取一部分个体来进行观察和分析，进而推断总体的规律性，这个过程叫做抽样，抽取的个体叫做样本。

2. 答：我们对数据的统计分析和处理工作大致可以分为两大类，即描述性统计和推论性统计。其中，描述性统计是指对原始数据进行总结、组织和简化的统计过程。通常，原始数据会被转换为表格或者图示（如直方图、构成图等），因为这样更容易看到数据的整体。推论性统计是指通过对样本的学习来得到对总体的归纳和概括。

3. 答：变量大致可分为四种类型：类别变量、顺序变量、等距变量、等比变量。

4. 答：对于类别变量，不同的观察值仅代表不同的类别，可以用数字表示，但是仅仅是个编号，并无实际意义；与类别变量相比，顺序变量的观察值也代表了事物的分类，此外顺序变量是有方向和前后顺序的，例如比赛中的第一名和第二名，但无法判断二者之间差异量的大小；与顺序变量相比，等距变量也代表了有序的事物，但两个观察值之间的差值是有实际意义的；与等距变量相比，等比变量中是有绝对的零点的，0 代表没有（如身高，体重），而等距变量中的 0 不代表没有（如温度）。

5. 答：变异用来描述同一样本中不同个体之间聚集在一起或者分散开的程度或者趋势。

6. 答：所谓的自由度，指的是样本可以自由取值的个数。对于一个样本，其均值 X 在一定程度上限制了样本的变异性计算。对于样本量为 n 的情况，样本的自由度 df = n - 1。自由度决定了样本中独立的和可以自由变化的数值的个数。例如，在样本数量 n = 2 的情况下，只有一个样本的身高可以自由变化，一旦这个样本确定下来，另外一个就不能变化，自由度为 2 - 1 = 1。

7. 答：方差和标准差都是用来反映样本离散程度的指标，也就是反映样本中个体的变异程度的指标，方差或者标准差的数值越大，表示样本变异程度越大。

方差的计算公式为：

$$S^2 = \frac{\sum_{i=1}^{N}(X_i - \overline{X})^2}{n-1}$$

其中，X_i 表示第 i 个个体的观察值，$\overline{X}$ 表示样本的均值，$n-1$ 表示自由度。

为了使量纲统一，方便理解数据，对方差求算数平方根得到标准差。

8. 答：其定义为：Z 分数指出了样本中每一个观察值 X 在整个分布中的精确位置。Z 分数是有符号的，其中 " + " 表示观察值 X 经转换后的 Z 分数值要比平均数高；反之，" - " 表示比平均数要低。具体高多少还是低多少，则使用观察值 X 到样本平均值之间有几个标准差来度量。Z 分数的计算公式为：

$$z = \frac{X - \mu}{\sigma}$$

其中，X 表示观察值，μ 是均值，σ 表示标准差。

Z 分数有以下两个作用：

（1）每一个 Z 分数都指明了样本的原始数据在整个分布中的位置；

（2）Z 分数构成了一个标准化分布，这样就为与其他同样也转换成了 Z 分数的分布进行相互比较创造了有利条件。

9. 答：Z 分数检验的前提条件是必须得知道总体的标准差，而这个信息是未知的，也往往是研究人员想要通过实验来获得的。研究人员通常对他们所关注的样本所在总体的信息知之甚少，因此才需要通过抽样得来的样本进行实验研究，然后通过样本的信息去反推总体的信息。

10. 答：如果连续型随机变量的频率密度直方图具有中间高、两边低并且左右对称的特点，看起来像一座耸立的山峰，那么称这样的变量符合正态分布或者高斯分布。

其概率密度函数为：

$$f(x) = \frac{1}{\sigma \sqrt{2\pi}} \exp\left(- \frac{(x - \mu)^2}{2\sigma^2} \right)$$

正态密度函数曲线如图所示：

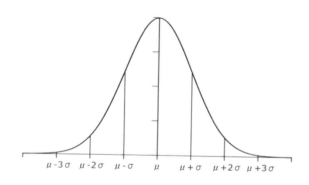

11. 答：描述性统计是指用于总结、组织和简化数据的统计过程。通常来说，原始数据经过计算之后以平均数的方法进行总结，或者将原始数据重新组织成表格或者图例，使整组数据之间的关系和规律更容易被观察。推论性统计是指根据样本的数据反推总体的规律的统计过程。因为总

体的数量非常大，在实际情况下我们往往无法获取总体的所有数据，所以通过在总体中随机抽样，然后通过分析样本来将研究结果推广至整个总体。

12. 答：样本统计量和总体参数之间存在的这种由于随机抽样偶然性因素所导致的差异叫做抽样误差。

第8章　假设检验

1. 答：假设检验的一般步骤大致分为：（1）建立统计假设；（2）设置决策的标准；（3）收集数据并计算样本统计量；（4）基于规则和统计量做出决策，是拒绝零假设还是不能拒绝零假设。

2. 答：根据问题的具体需要，对总体的均值做某种零假设 H_0（$\mu = \mu_0$），表示样本均值与总体均值之间的差异是由抽样误差引起的，二者之间的差异没有统计学意义；对立假设则为 H_1（$\mu \neq \mu_0$），表示目前的差异不是由抽样误差引起来的，而是两者存在显著差异。

3. 答：我们用 α 水平来区分大概率和小概率事件，也被称为显著性水平。假设零假设为真，α 水平定义了非常不可能的样本结果（在概率分布图中样本均值落在左右两边很小的范围）。通常情况下，α 水平很小，在实践中可以取 5%、1% 或 0.1%。通常取 5%，表示当前所做决策犯错的概率为 5%。

4. 答：如果样本值落在了临界区内，那么只能说明这个样本不太可能是从总体中抽样得来的，或许这个样本是来自另外一个具有不同均值的总体，因此我们需要拒绝零假设 H_0。

5. 答：通常取 α 值为 0.05，通过计算样本的均值和标准差，并查找正态分布统计表定位 Z 值和 p 值。

如果计算得到的 Z 值落在临界区内或者 p 值小于 0.05，那么就拒绝原假设而接受其对立假设，即样本的均值和总体的均值有显著性差异，也就是说在具体的人机交互实验中当前的处理对样本产生了影响，简称有统计学意义。

如果计算得到的 Z 值不落在临界区内或者 p 值大于 0.05，那我们就说当前的样本计算结果无法拒绝原假设，简称无统计学意义。

6. 答：不拒绝原来的零假设并不意味着原来的零假设就是真的成立，在实际中零假设也可能是错的，只不过是依据目前的实验条件和研究现状我们没有能力推翻原来的零假设。因此，假设检验只会产生两个结论：一是我们有足够的证据来证明实验效应是有影响的（拒绝零假设）；二是我们所收集的证据并不充分，目前尚无法证明零假设是错误的（无法拒绝零假设）

7. 答：类型 I 错误是指原来的零假设本来是成立的，但是实验结论却拒绝了这个假设；换句话说，实验处理本来是对样本没有影响的，但是结论却认为有影响。

类型 II 错误是指原来的零假设本来是不成立的，但是结论却没有拒绝这个假设。换句话说，实验处理本来是对样本有影响的，但是结论却认为没有影响。

8. 答：为了防止在研究中犯类型 I 错误，需要研究者们重新谨慎审视临界区，明确 α 值所扮演的角色。α 值其实就是用来度量犯类型 I 错误的概率，因此我们要最小化犯类型 I 错误的概率就要尽量选用小的 α 值。在实践中，我们可能需要更多的研究证据，甚至有时候不可能拒绝原来的零假设。

9. 答：p 值实际上指的是经过统计计算之后得到的结果的差异是由抽样误差或者说是随机误差而产生的概率。在一般情况下，当 p 值小于 0.05 时，可以认为样本均值和总体均值之间的差异是有统计学意义的，或者说我们的实验处理是有影响的，但是我们并不能百分之百肯定这个结论，因为这种差异也可能是由样本抽样误差引起的，但是由抽样误差产生差异的概率的可能性其实是不足 5% 的。换句话说，统计产生的差异可以用抽样误差来解释的可能性尚不及 5%，因此我们可以有信心认为这个差异的产生与抽样误差无关，而是由实验处理引起的。

10. 答：p 值的大小仅仅表示统计结果可以由抽样误差来解释的概率或者说可能性，跟差异的具体数值大小没有直接联系。

11. 答：p 值大于 α 值，并不能说明实验处理就没有起作用，而是说目前已有的实验条件和技术并没有足够的能力证明实验处理有作用。究其原因，可能是实验所使用的样本量太小导致无法观察出显著性差异，也可能是因为实验统计效率过于低下等。

12. 答：正态性检验是指利用所观察到的样本数来推断总体是否服从正态分布的一种检验，是统计分析中非常基础而又十分重要的拟合优度假设检验。常见的正态性检验方法包括正态概率值法、夏皮罗韦尔克检验法、柯尔莫戈罗夫检验法和偏度－峰度检验法等。

13. 答：

（1）打开 SPSS 并建立数据文件，在变量视图中输入"体重"，类型为"数值型"，小数点后保留 1 位，在数据视图中输入待检验数据，将文件保存为"正态性检验（体重）.sav"

（2）切换到数据视图中，依次点击菜单"分析—非参数检验—旧对话框—单样本 Kolmogorov-Smirnov 检验"。

（3）在打开的对话框中，将左边矩形框中的源变量"体重"调入右边的"检验变量列表"矩形内，然后找到左下角的"检验分布"面板将"正态"选项前打钩，最后点击"确定"。

单样本柯尔莫戈洛夫–斯米诺夫检验		
		体重
个案数		42
正态参数[a]	平均值	75.514
	标准偏差	10.9048
最极端差值	绝对	.117
	正	.117
	负	-.087
检验统计		.117
渐近显著性（双尾）		.161[c]
a. 检验分布为正态分布。		
b. 根据数据计算。		
c. 里利氏显著性修正。		

（4）查看结果如上图所示。经 Komogorov-Smirnov 正态性检验统计量 Kolmogorov-Smirmov Z = 0.117，变量"体重"的 p 值为 0.161 大于 0.05，可以认为近似正态分布。

14. 答：基于中心极限定理，我们可以得知在决定选用何种检验的时候，需要考虑一下样本量以及样本的正态分布情况。

（1）已知总体的标准差。

1）如果是大样本（n≥30），就可以采用 Z 检验；

2）如果是小样本（n<30），那么总体需要满足近似正态分布，才能使用 Z 检验。

（2）总体的标准差未知。实际上在很多情况下，总体的标准差恰恰是研究者们所希望探索的目标，而非已知的常量可以作为满足 Z 检验的前提假定条件。

1）如果是大样本（n≥30），并且样本是满足简单随机抽样的，那么可以用样本的标准差去估计总体的标准差，因为这时候样本的标准差是总体标准差的无偏估计，我们可以采用 Z 检验做区间估计和假设检验。

2）如果是小样本（n<30），并且总体近似服从正态分布，可以用样本的标准差去估计总体的标准差，那么可以采用 t 检验做区间估计和假设检验。

15. 答：通常，科恩（Cohen d）值被用来测量效应的大小，其计算公式为：

$$科恩\ d\ 值 = \frac{平均数差}{标准差}$$

这里的平均数差指的是样本平均数与最初的总体平均数之间的差值。

使用 d 值评估假设检验效应大小的规则如下表。

d 的大小	评价效应大小
$0 < d < 0.2$	效应较小（平均数差异小于 0.2 个标准差）
$0.2 < d < 0.8$	效应中等（平均数差异约为 0.5 个标准差）
$d > 0.8$	效应较大（平均数差异大于 0.8 个标准差）

16. 答：统计效能指的是如果实验处理真的存在效应，那么假设检验能正确地拒绝零假设的概率。也就是说，效能是检验能够识别实验处理真的存在效应的概率。

17. 答：影响效能的因素有很多，例如样本量的大小、假设检验的效应大小、研究人员选择的 α 水平、单边还是双边检验等。

其中，样本量大小与实验效能成正比关系，当样本量减少时，实验效能也会随之降低；降低 α 水平同样也会降低实验效能，比如将 α 水平从 0.05 降低为 0.01，那就意味着临界区域的界限也会向两侧更远端移动，因此经过实验处理之后落在临界区内的样本将会更少。也就是说，拒绝零假设的概率将降低，因此假设检验的效能值也将降低。若将双边假设检验变为单边假设检验，则临界区域的界限将向中间方向移动和靠拢，因此会导致实验处理之后落在临界区域中的样本比例增大，最后导致假设检验的效能的增加。

第 9 章　实验效度

1. 答：实验效度指的是可以在多大程度上从实验数据中分析得到预期的实验结果，实验效度分为内部效度、外部效度、构造效度和表面效度。在实践中，经常会有一些导致因变量发生变化的非受控因素，这些因素被称为效度风险，在实验中应该尽量规避这些潜在的风险。

2. 答：内部效度指的是实验最终确定了因变量的变化只是受自变量的影响而排除了其他的不受控的因素。内部效度用来检测自变量和因变量之间的关系的确实性程度，保证实验结论的真实性。

3. 答：影响内部效度的因素主要有以下：

（1）突发事件。实验过程中发生的突发事件或多或少会影响被试的心情甚至他们的行为，这些结果可能会对实验起到正面或者负面的作用。

（2）成熟度。被试可能会随时间推移越来越有经验，越来越成熟，势必会影响实验结果。此外，当一个实验经历了很长的时间，被试也会身心疲惫，此时从被试身上收集的数据和有效信息的效度也会越来越低。

（3）测试。每一次测试都会影响下一次测试的分数。

（4）实验仪表装置。实验装置需要经常校准，比如脸书的头盔追踪器对位置就很很敏感。

（5）统计回归。实验数据的选择和分析可能会受到研究人员主观因素的影响，因此也存在效度风险。

（6）选择偏见。研究人员可能会主观上为不同的实验组区别地选择被试。

（7）实验死亡率。不是指生理上地死亡，而是指被试因为各种主客观原因在实验中途退出，无法正常完成实验。如有些虚拟现实头盔实验中，被试会因为实验时长增加而感到恶心和头晕。

4. 答：外部效度指的是研究设计在多大程度上能够保证其结果可以泛化到非抽样样本的人群，或者不同于实验环境的其他人群，或者不同时间的其他类似人群，简单来说就是研究结果的代表性或普遍性。

5. 答：外部效度主要有以下四个影响因素：

（1）实验环节之间的交互影响。一些预实验会对参加主实验的被试的敏感度或者反应性方面产生积极或者消极的影响。

（2）选择偏见和实验变量带来的交互影响。某些自变量本身也会对实验结果产生影响，比如压力测试或多任务测试对老年被试的影响更大、更深一些。

（3）实验安排带来的影响。某些实验场景本身具备特殊性，无法推广到其他场景。

（4）多个实验处理之间的影响。

6. 答：构造效度指的是研究人员正在度量的是否符合他们预期想要度量的。例如，如果研究人员想要度量的指标是一个学者的社会影响力，那么仅仅统计这个学者发表了多少篇学术论文是远远不够的。社会影响力是一个复杂的指标，想要度量这个指标必须从多个层面和维度上综合考虑。

7. 答：表面效度指的是研究人员正在度量的看上去是否像是他们试图想要度量的。比如，如果想要研究一个船长是如何开船的，那么让被试在实验中驾驶一艘真正的船就比让被试在实验室内驾驶一艘模拟小船有更多的表面效度。

8. 答：内部效度风险主要体现在以下七个方面：

（1）被试的数量。

（2）实验者效应。

（3）被试效应。

（4）供求特性的影响。

（5）实验设备影响。

（6）随机和平衡。

（7）中止或放弃实验任务。

9. 答：当一个实验同时有两个或两个以上的实验人员时，不同实验人员之间会产生分歧，这种现象属于实验者效应。为了避免实验者效应，在实验过程中应该注意以下事项。

（1）详细写出一个实验的实验过程和每一个步骤的细节这些文档的详细记录可以被其他的实验人员应用于同一个实验，并且能够重复实验结果和结论。

（2）严格按照既定的实验要求和过程进行实验，实验过程中不能随便。例如，某实验人员为了让被试更容易地完成实验任务而自作主张将一个实验分成了好几部分，结果被试很轻松地完成了实验，但是却导致了研究人员事先预期的很多可能的实验结果没有发生。

（3）避免研究期望效应。实验处理对实验人员和被试都应该是双盲的，否则如果实验人员事先知道了研究假设，实验人员在跟被试互动的过程中很可能会有意或者无意地有一种想要拒绝原假设的冲动或者倾向，表现在实验引导或对用户行为数据的记录上，最终会导致实验结果不客观公正。

10. 答：在实际过程中真正做到随机取样是非常困难的，但是研究人员应该尽量事先做好计划。

在招募被试的时候尽量做到将偏见和差异最小化。比如，使用对重平衡的方法将男性被试和女性被试等比例地分配到两个实验处理组中，从而消除性别差异。随机取样的方法很多，比如可以通过 Excel 表或者 E-Prime 软件产生随机序列，从而让被试随机地分配到不同的实验处理组中。

随机和平衡也可以应用于实验处理。比如，为了评估鼠标和裸手手势在一款新的游戏软件中的交互效率，研究人员就需要使用对重平衡的技术让被试交替使用鼠标和手势完成既定的一组任务。

11. 答：外部效度风险主要表现在实验结果无法泛化到其他群体或者其他条件，主要由两种因素引起的：实验任务的保真度；实验样本的代表性。根据这两种因素，可以规避外部效度风险的办法主要有：

（1）提高实验任务的保真度。保真度描述的是一个实验场景下的交互任务能够在多大程度上模拟真实场景下的交互任务。实验任务的保真度可以通过使用高保真的实验设备来达到。比如，为了测试一个基于视觉手势的车载导航系统的可用性，研究人员为被试配置了高保真的汽车模拟驾驶系统，包括驾驶模拟器、仪表盘以及专业的驾驶模拟软件等。若设备条件受限，则应该保证被试的心理保真度。实验任务需要能够最大程度地体现出被试在真实世界场景下的心理行为变化，比如需要保证实验情景是有代表性的，在实验场景下对被试的实验要求和他们所能利用的信息是符合真实情境的等。例如，在一个有关记忆测试的实验中，有的研究人员为了更好地控制变量，给被试提供的记忆材料都是毫无意义的单词，以为这样能够避免先验学习所带来的负面影响。

（2）提高实验样本的代表性。一个研究中招募的被试最好是一个有代表性的样本，能够最大程度地反映总体的规律和趋势。想要泛化实验结果，有必要选择更加宽泛的样本。

第 10 章　t 检验

1. 答：t 分数是用样本的方差来计算，而 Z 分数则要求必须用总体的方差来计算。

2. 答：t 检验可以分为 3 种方法，分别为单样本 t 检验、两组配对样本 t 检验和两组独立样本 t 检验。这 3 种 t 检验的先决条件都是样本中的数值必须包含互相独立的观察，并且样本数据需要服从正态分布或者近似正态分布，其中两组独立样本 t 检验还额外要求两组样本的方差满足齐性要求。如果方差不齐，则需要进行校正。

服从正态分布对于 t 检验来说是必要的，尤其是对于小样本来说。当然，对于大样本，违反正态分布对 t 检验结果的影响不是很大。因此在不确定总体是否为正态分布时，应该尽量选择大样本。

3. 答：单样本 t 检验指的是被检验样本的均值 $\overline{X}$ 与某个已知的或者固定的总体均值 u 之间的比较。

4. 答：

（1）建立检验假设：

H_0：$\mu = 6.00$，H_1：$\mu \neq 6.00$，$\alpha = 0.05$

（2）打开 SPSS 并建立数据文件，在变量视图中输入"时长"，类型为"数值型"，小数点后保留 2 位，将文件保存为"单样本 T 检验（时长）. sav"

（3）先做正态分布检验，结果如下图，显示 p 值是 0.200，因为 0.200 > 0.05，所以认为该组样本近似符合正态分布。

单样本柯尔莫戈洛夫–斯米诺夫检验		
		时长
个案数		40
正态参数[a,b]	平均值	6.2980
	标准 偏差	2.87608
最极端差值	绝对	.081
	正	.081
	负	-.064
检验统计		.081
渐近显著性（双尾）		.200[c,d]
a. 检验分布为正态分布。		
b. 根据数据计算。		
c. 里利氏显著性修正。		
d. 这是真显著性的下限。		

（4）在数据视图中，依次选择"分析—比较平均值—单样本 t 检"。

（5）在打开的对话框中，将左边矩形框中的源变量"时长"调入右边的"检验变量列表"矩形框内，然后在下面的"检验值"面板中输入检验值"6.00"，最后点击"确定"。

（6）查看结果，如图所示。

单样本统计				
	个案数	平均值	标准偏差	标准误差平均值
时长	40	6.2980	2.87608	.45475

单样本检验					
	检验值=6.00				
				差值95% 置信区间	
	t	自由度	Sig（双尾）	平均值差值	下限	上限
时长	.655	39	.516	.29800	−.6218	1.2178

（7）决策与结论。从图中可以看出，$t = 0.655$，$p = 0.516 > 0.05$，因此没有统计学差异，我们无法拒绝原假设 $\mu = 6.00$。

5．答：两配对样本 t 检验是指根据两配对样本的均值数据对两配对总体的均值数据之间是否有显著差异进行推断。

6．答：两配对样本 t 检验必须满足两个条件：

（1）样本要满足正态分布；

（2）两组样本是配对的（数量一样，顺序也不能变）。配对样本有三种情况：一是将同一份样本分成两半，然后各自用不同的处理方法来测试，例如医学实验中的血液样本。二是自身的比较，同一个样本在同一个处理之前和之后的对比分析。需要注意的是，在处置前后的过程中，应该控制其他因素的变化，并且处理周期不宜过长。三是将某些因素相同的样本组成配对组。例如，某项研究调查夫妻之间的收入水平是否有显著差异。

7．答：

（1）建立检验假设：

H_0：$\mu_{旧版本} = \mu_{新版本}$，H_1：$\mu_{旧版本} \neq \mu_{新版本}$。$\alpha = 0.05$

（2）首先打开 SPSS 并建立数据文件，在变量视图中输入"旧版本"和"新版本"，类型为"数值型"，小数点后保留 1 位数字，在数据视图中输入相关数据，将文件保存为"配对样本 t 检验（英语 app）. sav"

（3）先对两组样本数据做正态分布检验，结果旧版本 p 值为 0.2，新版本 p 值为 0.085. 均大于 0.05。所以认为两组数据都近似符合正态分布。

（4）切换到数据视图中，依次点击"分析—比较均值—配对样本 t 检验"，

（5）在打开的对话框中，将左边矩形框中的源变量"旧版本"和"新版本"分别调入右边的"成对变量"矩形框内同一行上，然后点击"确定"，检验结果如下图。

配对样本统计		平均值	个案数	标准偏差	标准误差平均值
配对1	旧版本	74.792	12	7.9386	2.2917
	新版本	83.542	12	6.5243	1.8834

配对样本相关性		个案数	相关性	显著性
配对1	旧版本 & 新版本	12	.158	.623

配对样本检验		配对差值						自由度	Sig（双尾）
		平均值	标准偏差	标准误差平均值	差值95%置信区间		t		
					下限	上限			
配对1	旧版本－新版本	-8.7500	9.4448	2.7265	-14.7509	-2.7491	-3.209	11	.008

（6）决策与结论。可以看出 $t = -3.209$，$p = 0.008 < 0.05$。因此有统计学差异。我们拒绝原假设 H_0：$\mu_{旧版本} = \mu_{新版本}$，接受其对立假设 H_1：$\mu_{旧版本} \neq \mu_{新版本}$，从分析结果可以看出，新版本相比于旧版本来说可以给用户带来更良好的用户体验。

8．答：两独立样本 t 检验是指根据两组独立样本的均值数据对两独立总体的均值数据之间是否有显著差异进行推断。

9．答：两独立样本 t 检验必须满足三个条件：一是样本要满足正态分布；二是两组样本是独立的，与配对样本相比两组独立样本的数量可以彼此不同，顺序也可以彼此不同；三是两组独立样本的方差必须满足齐性要求，方差齐性检验是统计学中检查不同样本所对应的总体方差是否相同的一种检验方法.

10．答：要比较两组数据或者两个分布是否显著差异，在两组数据都符合正态分布的前提条件下，根据正态分布函数，我们就只剩下比较均值和方差了，如果方差满足了齐性要求，再去比较均值，这时候如果均值差异也不大，那么我们可以得出这两组数据的差异不明显的结论了。

11．答：（1）建立假设检验。

H_0：$\mu_A = \mu_B$，H_1：$\mu_A \neq \mu_B$。 $\alpha = 0.05$

（2）首先打开 SPSS 并建立数据文件，在变量视图中输入"软件类型"和"字数"，类型为"数值型"，小数点后保留 0 位数字。打开软件类型值标签，将 A 和 B 软件设置标签"1"和"2".

（3）切换到数据视图，输入相关数据，将文件保存为"独立样本 t 检验（打字软件）. sav"

（4）先对两组样本数据做正态分布检验，结果两组数据 p 值都为 0.2，因为 $0.2 > 0.05$。所以认为两组数据都近似符合正态分布。

（5）切换到数据视图中，依次点击"分析—比较均值—独立样本 t 检验"，在打开的对话框中，将左侧的"字数"和"软件类型"分别选入"校验变量"和"分组变量"中，并点击"分组变量"，调出"定义组"对话框，为"组 1"和"组 2"依次指定数值 1 和 2，依次点击"继续"和"确定"，检验结果如下图。

组统计					
	软件类型	个案数	平均值	标准偏差	标准误差平均值
字数	A 软件	15	44.20	9.329	2.409
	B 软件	15	44.33	7.423	1.917

独立样本检验									
		莱文方差等同性检验		平均值等同性t检验					
		F	显著性	t	自由度	Sig（双尾）	平均值差值	标准误差差值	差值95%置信区间	
									下限	上限
字数	假定等方差	.673	.419	−.043	28	.966	−.133	3.078	−6.439	6.172
	不假定等方差			−.043	26.654	.966	−.133	3.078	−6.453	6.186

（6）决策与结论。两组均值分别为 44.2 和 44.33。首先在方差相等性检验中，$p=0.419>0.05$。因此方差满足齐性要求。接着在均值相等性的 t 检验字段中，读取 $F=0.673$，$p=0.966>0.05$，没有统计学差异。因此我们无法拒绝原假设 $H_0: \mu_A = \mu_B$，无法证明 A 和 B 两打字软件的效果有明显差异。

12. 答：先汇报描述性的结果，例如均值、标准差等。再汇报推论性的结果例如 t 值、p 值等。

13. 答：t 检验中可以用科恩 d 值来度量效应大小。理论上来讲，科恩 d 值的计算公式为 $d = \dfrac{\text{平均数差}}{\text{标准差}}$。这里的平均数差就是样本平均数（实验处理之后）和最初的总体平均数（实验处理之前）的差，标准差就是总体标准差。但在大多数情况下，总体标准差是未知的，所以在实际应用中，我们通常使用样本的标准差来代替总体的标准值。于是，估计科恩 d 值的计算公式就变为 $d = \dfrac{\text{平均数差}}{\text{样本标准差}}$。

第 11 章　方差分析

1. 答：方差分析有两个用途：一是用来检验是否满足两组独立样本 t 检验的先决条件之一，方差齐性检验；二是作为三组（含）以上样本的显著性检验方法。当待检验对象是三组（含）以上样本时，我们不能简单地用多次 t 检验来做显著性分析，因为这会增大类型 I 错误出现的概率，所以只能使用 F 检验。

2. 答：F 检验的先决条件，一是各组样本的观察值需要满足正态分布或者近似符合正态分布，二是各组样本的观察值之间的方差满足齐性要求。

3. 答：单因素方差分析可分为独立测量方差分析和重复测量方差分析两大类。

独立测量方差分析是实验处理作用于不同组的样本上然后进行独立观察，再分析实验处理是否产生了效应，F 值的计算公式为：

$$F = \frac{实验处理效应 + 个体差异 + 其他实验误差}{个体差异 + 其他实验误差}$$

重复测量方差分析是同一样本经过多次不同的实验处理得到多组观察值，然后分析不同的处理条件是否产生了效应。因为是同一样本，因此在公式中少了个体差异这一要素，F 值的计算公式为：

$$F = \frac{实验处理效应 + 其他实验误差}{其他实验误差}$$

4. 答：

（1）建立检验假设：

$H_0 : \mu_{手机} = \mu_{电脑} = \mu_{主机}$　　H_1：三组完成时间不全相等，$\alpha = 0.05$

（2）打开 SPSS，切换到"变量视图"，在里面分别输入"游戏设备"和"所用时间"两个变量，并分别设置小数点后保留 0 位数字。接下来，打开"游戏设备"变量所对应的字段"值"，在打开的"值标签"对话框中，为"手机""电脑"和"主机"分别赋值"1""2""3"。

（3）切换到"数据视图"，按照前 10 个为"1"，中间 10 个为"2"

后10个为"3"的顺序输入具体的数据。保存数据文件为"单因素方差分析（游戏设备）.sav"

（4）先为三组数据进行正态性检验，结果为"鼠标""触屏手势"和"空中手势"所对应的 p 值都是0.2，均大于0.05，因此可认为近似符合正态分布。

（5）然后，依次点击"分析—比较均值—单因素 ANOVA。在打开的对话框中将左侧的"时间"和"游戏设备"分别选入"因变量列表"和"因子"中，点击"选项"按钮，勾选"描述性"和"方差齐性检验"两个选项。下一步，点击"事后多重比较"。在弹出的对话框"假定方差齐性面板中，我们可以看到有很多选项。勾选图基检验，将显著性水平设置为0.05.

（6）查看结果如下图所示。

描述							
所用时间							
	个案数	平均值	标准偏差	标准错误	平均值的95%置信区间		最小值	最大值
					下限	上限		
手机	10	32.40	9.324	2.948	25.73	39.07	15	46
电脑	10	26.60	9.155	2.895	20.05	33.15	12	40
主机	10	28.50	9.835	3.110	21.46	35.54	14	43
总计	30	29.17	9.436	1.723	25.64	32.69	12	46

ANOVA					
所用时间					
	平方和	自由度	均方	F	显著性
组间	174.867	2	87.433	.981	.388
组内	2407.300	27	89.159		
总计	2582.167	29			

多重比较						
因变量: 所用时间						
图基HSD						
(I) 游戏设备	(J) 游戏设备	平均值差值(I-J)	标准错误	显著性	95% 置信区间	
					下限	上限
手机	电脑	5.800	4.223	.369	−4.67	16.27
	主机	3.900	4.223	.630	−6.57	14.37
电脑	手机	−5.800	4.223	.369	−16.27	4.67
	主机	−1.900	4.223	.895	−12.37	8.57
主机	手机	−3.900	4.223	.630	−14.37	6.57
	电脑	1.900	4.223	.895	−8.57	12.37

（7）决策与结论。手机、电脑和主机玩家通过关卡的平均时间分别为：32.4，26.6，28.5。从 ANOVA 检验结果中看出，$F = 0.981$，$p = 0.388 > 0.05$，因此没有统计学差异。无法拒绝原假设 H_0：$\mu_{手机} = \mu_{电脑} = \mu_{主机}$，无法证明三种设备对于玩家通过关卡的时间有影响。

5. 答：Scheffe 检验和 Turkey 检验可以计算出一个具体的数值来帮助判定不同组之间的差异达到显著性水平时所需要的最小差异。若要得到显著性差异的结果，相比于 Turkey 检验，Scheffe 检验可能需要更大的平均数差，需要更多额外的证据，因此可以大大降低 I 类型错误的概率。

6. 答：重复测量方差分析有利于消除由于组内样本个体之间的差异导致的误差和影响。但是，如果研究中存在顺序效应，比如前一次的实验处理会对后一次有影响，或者被试连续经过三次实验处理之后身心感到疲惫等，那么研究人员就难以收获到真实准确的数据。

7. 答：双因素方差分析有以下三个先决条件：

（1）每个样本总体都服从正态分布。对每个因素来说，样本观察值都是来自正态分布总体的简单随机样本。

（2）各个样本总体的方差满足齐性要求。各组观察数据是从具有相同方差的总体中随机抽取的。

（3）样本观察值是独立的。

8．答：（1）建立检验假设：

H_{01}：年龄对运动人数无影响；H_{02}：年龄对运动人数有影响。

H_{11}：地区对运动人数无影响；H_{12}：地区对运动人数有影响。

$\alpha = 0.05$

（2）打开 SPSS 切换到"变量视图"，输入地区、年龄、运动人数 3 个变量，并分别设置小数点后保留 0 位数字。接下来，对四个年龄段分别设置值标签 1、2、3、4．同样为五个地区分别设置值标签 1、2、3、4、5．

（3）切换到"数据视图"，将数据输入并保存。

（4）依次点击"分析— 一般线性模型—单变量"

（5）在对话框中，将左侧的"运动人数"选入"因变量"矩形框中，然后将"年龄"和"地区"选入"固定因子"对话框中。然后点击"模型"，在弹出的"单变量：模型"对话框中，在"指定模型"面板勾选"定制"，接下来在"构建项"面板中，选择"主效应"，然后将"年龄"和"地区"作为主效应选项选入"模型"矩形框中，依次点击"继续"和"确定"。

（6）查看结果。如下图所示。

主体间因子			
		值标签	个案数
年龄	1	18—25	5
	2	26—33	5
	3	34—41	5
	4	42—49	5
地区	1	a 地区	4
	2	b 地区	4
	3	c 地区	4
	4	d 地区	4
	5	e 地区	4

主体间效应检验					
因变量: 运动人数					
源	III类平方和	自由度	均方	F	显著性
修正模型	150693.550ᵃ	7	21527.650	7.522	.001
截距	1135261.250	1	1135261.250	396.688	.000
年龄	117438.550	3	39146.183	13.679	.000
地区	33255.000	4	8313.750	2.905	.068
误差	34342.200	12	2861.850		
总计	1320297.000	20			
修正后总计	185035.750	19			
a. R方 = .814（调整后R方 = .706）					

（7）决策与结论。我们可以看出年龄和地区所对应的 F 值分别为 13.679 和 2.905，其中年龄所对应的 p 值为 0.000 小于 0.05，地区所对应的 p 值为 0.068 大于 0.05，因此我们拒绝 H_{01}：年龄对运动人数无影响，接受其对立假设 H_{02}：年龄对运动人数有影响；而地区的差异无统计学意义，我们无法拒绝拒绝 H_{11}：地区对运动人数无影响。

9. 答：

（1）建立检验假设：

H_{01}：视频时长对播放量无影响

H_{02}：平台对播放量无影响

H_{03}：视频时长和平台的交互作用对播放量无影响

H_{11}：视频时长对播放量有影响

H_{12}：平台对播放量有影响

H_{13}：视频时长和平台的交互作用对播放量有影响

$\alpha = 0.05$

（2）打开 SPSS，切换到"变量视图"，在里面分别输入时长、平台、播放量 3 个变量，其中"播放量"变量的小数点后保留 1 位数字，其他变量小数点后保留 0 位数字。接下来，打开"时长"变量所对应的字段"值"，在打开的"值标签"对话框中，为"长视频"和"短视频"分别赋值"1"和"2"，再用同样的方法为平台设置标签。

（3）切换到数据视图，输入相关数据，并保存。

（4）依次点击"分析——一般线性模型—单变量"

（5）在对话框中，将左侧的"播放量"选入"因变量"矩形框中，然后将"时长"和"平台"选入"固定因子"对话框中。然后点击"模型"，在弹出的"单变量：模型"对话框中，在"指定模型"面板勾选"定制"，接下来在"构建项"面板中，选择"交互"，然后同时选中"时长"和"平台"这两个选项，将它们作为交互效应选项选入"模型"矩形框中，接下来再切换到"构建项"面板中，选择"主效应"，然后分别选中"目标大小"和"距离"两个选项，先后将它们作为主效应选项选入"模型"矩形框中，依次点击"继续"和"确定"。

（6）查看结果，如下图所示。

主体间因子		值标签	个案数
时长	1	长视频	16
	2	短视频	16
平台	1	抖音	16
	2	b站	16

主体间效应检验					
因变量: 播放量					
源	III类平方和	自由度	均方	F	显著性
修正模型	65.476ᵃ	3	21.825	3.454	.030
截距	790.031	1	790.031	125.024	.000
时长* 平台	28.880	1	28.880	4.570	.041
时长	36.551	1	36.551	5.784	.023
平台	.045	1	.045	.007	.933
误差	176.933	28	6.319		
总计	1032.440	32			
修正后总计	242.409	31			
a. R方= .270（调整后R方= .192）					

（7）决策与评论。时长和平台所对应的 F 值为 5.784 和 0.007，所对应的 p 值分别为 $p = 0.023 < 0.05$，具有统计学意义；$p = 0.933 > 0.05$，没有统计学意义。因此我们拒绝假设 H_{01}：视频时长对播放量无影响，接受其对立假设 H_{11}：视频时长对播放量有影响。我们无法拒绝假设 H_{02}：平台对播放量无影响。进一步读取数据得到，两个因素的交互作用所对应的 F 值为 4.57，$p = 0.041 < 0.05$，因此拒绝假设 H_{03}：视频时长和平台的交互作用对播放量无影响，接受假设 H_{13}：视频时长和平台的交互作用对播放量有影响。

第 12 章　秩和检验

1. 答：秩和检验又被称为顺序和检验，属于一种常见的非参数检验方法。与参数检验严格的条件要求不同的是，秩和检验不依赖于总体分布的具体形式，在实际应用的时候可以不考虑样本观察值呈现一种什么样的分布，因此适用性很强。但是门槛低也未必都是好事，正因为秩和检验仅仅考虑样本观察值的排序，而不考虑数据的其他信息，因此对样本数据的分析不够充分，导致其检验精准度不如满足正态分布的 t 检验和 F 检验高。

2. 答：秩和检验分为两组配对样本秩和检验、两组独立样本秩和检验、多组相关样本的秩和检验和多组独立样本的秩和检验四大类。

3. 答：

（1）建立检验假设：

H_0：$\mu_{青年} = \mu_{中年}$　　H_1：$\mu_{青年} \neq \mu_{中年}$，$\alpha = 0.05$

（2）打开 SPSS，在变量视图中输入分数和年龄两个变量，调整小数点位数，为年龄变量赋予值标签。

（3）切换到数据视图中，输入数据并保存。

（4）依次点击"分析—非参数检验—旧对话框—2 个独立样本"

（5）在打开的对话框中，将左侧的"分数"和"年龄"分别选入"检验变量列表"矩形框和"分组变量"矩形框中，接下来在"检验类型"面板中，勾选"Mann-Whitney U"，然后点击"分组变量"面板下方的"定义组"按钮，在弹出的"两独立样本：定义组"对话框中为组1和组2分别赋值"1"和"2"，然后确定。

（6）查看结果，如下图所示。

秩				
	年龄	个案数	秩平均值	秩的总和
分数	青年	16	17.59	281.50
	中年	14	13.11	183.50
	总计	30		

检验统计[a]	
	分数
曼-惠特尼U	78.500
威尔科克森W	183.500
Z	−1.393
渐近显著性（双尾）	.164
精确显著性[2*（单尾显著性)]	16.6[b]
a.分组变量：年龄	
b.未针对绑定值进行修正	

（7）决策与结论。从上表中可得出 $Z = -1.393$，$p = 0.164 > 0.05$，

因此没有统计学差异，我们无法拒绝原假设 H_0：$\mu_{青年} = \mu_{中年}$，无法判断年龄是否会影响人们对 VR 设备的接受度。

4. 答：

（1）建立检验假设：

H_0：$\mu_{阅读器} = \mu_{书籍}$　H_1：$\mu_{阅读器} \neq \mu_{书籍}$，$\alpha = 0.05$

（2）打开 SPSS，在变量视图中输入阅读器和书籍两个变量，设置小数点位数为 0 位数字。

（3）切换为数据视图，输入相关数据并保存为"两配对秩和检验（阅读器）"

（4）依次点击"分析—非参数检验—旧对话—2 个相关样本"

（5）在打开的对话框中，将左侧的"阅读器"和"书籍"分别选入"检验对"矩形框中，然后在"检验类型"面板中勾选"Wilcoxon"，然后点击"确定"。

（6）查看结果，如下图所示。

秩					
		个案数	秩平均值	秩的总和	
书籍–阅读器	负秩	3[a]	6.33	19.00	
	正秩	1[b]　1	7.82	86.00	
	绑定值	1[c]			
	总计	15			
a. 书籍< 阅读器					
b. 书籍> 阅读器					
c. 书籍= 阅读器					

检验统计[a]	
	书籍–阅读器
Z	-2.135^{b}
渐近显著性（双尾）	.033
a. 威尔科克森符号秩检验	
b. 基于负秩。	

（7）决策与结论。从检验统计表中可以看出 $Z = -2.135$，$p = 0.033 < 0.05$，因此有统计学意义，我们拒绝原假设 $H_0 : \mu_{阅读器} = \mu_{书籍}$，接受 $H_1 : \mu_{阅读器} \neq \mu_{书籍}$。可见该阅读器产品给用户的体验与实体书籍之间有较大差距，其体验明显不如实体书籍。

5. 答：与多组独立样本的 ANOVA 方差分析相比，秩和检验中多组样本之间也是互相独立的，多组样本的数量不一定完全相同，而且对应顺序也是无关紧要的。

但是多组独立样本 ANOVA 方差分析要求满足以下条件：一是各样本之间相互独立，二是各个样本的观察值均服从正态分布，三是各样本观察值之间的方差必须满足齐性要求。在实际应用中，如果不满足这些条件，那么就只能使用多组独立样本的秩和检验。

6. 答：

（1）建立检验假设。

$H_0 : \mu_{游泳} = \mu_{篮球} = \mu_{跑步}$　　H_1：三种有氧运动减重效果不完全相同

$\alpha = 0.05$

（2）打开 SPSS，在变量视图中输入"组别"和"减重量"两个变量，并在组别的值标签中为三个组别分别赋值"1""2""3"，点击"确定"。

（3）切换到"数据视图"，输入具体的数据，保存数据文件为"多组独立样本秩和检验.sav"。然后，依次点击"分析—非参数检验—旧对话框—k 个独立样本"。

（4）在打开的对话框中，将左侧的"减重量"和"组别"分别选入"检验变量列表"矩形框和"分组变量"矩形框中，接下来在"检验类型"面板中，勾选"Kruskal-Wallis H"，然后点击"分组变量"面板下方的"定义范围"按钮，在弹出的"多自变量样本：定义范围"对话框中设置组的范围最小值和最大值分别为"1"和"3"，依次点击"继续"和"确定"按钮。

（5）查看结果，如下图所示。

秩			
	组别	个案数	秩平均值
减重量	游泳	6	14.17
	篮球	8	14.94
	跑步	10	9.55
	总计	24	

检验统计[a,b]	
	减重量
克鲁斯卡尔–沃利斯H(K)	3.026
自由度	2
渐近显著性	.220
a. 克鲁斯卡尔–沃利斯检验	
b. 分组变量：组别	

（6）决策与结论。从检验统计结果中可以得出，p 值为 $0.220 > 0.05$，因此不具备统计学意义，我们无法拒绝原假设 $H_0: \mu_{游泳} = \mu_{篮球} = \mu_{跑步}$，三种有氧运动的减重效果差异不大。

7. 答：在进行 Post-hoc 事后两两比对的时候，因为我们在 SPSS 变量视图中手工设置"离散缺失值"，人为地忽略了几个样本组而比较剩余的两个样本组。如在 3 组样本的秩和检验中，相当于单独做了 3 次相关样本的 t 检验，所以需要校准 α 水平，设置 $\alpha = 0.017$ 作为新的显著性水平。

8. 答：

（1）建立检验假设：

$H_0: \mu_{埃安} = \mu_{长安} = \mu_{比亚迪}$，$H_1$：用户对三款电车的品牌的偏好不完全相同。

$\alpha = 0.05$

（2）打开 SPSS，在变量试图中输入埃安、长安、比亚迪三个变量，设置小数点位数保持 0 位。

（3）切换到"数据视图"，输入具体的数据，保存数据文件为"多组相关样本秩和检验（电车品牌）.sav"。然后，依次点击"分析—非参数检验—旧对话框—k 个相关样本"

（4）在打开的对话框中，将左侧的"埃安""长安"和"比亚迪"依次选入"检验变量"矩形框中。接下来在"检验类型"面板中，勾选"Friedman"然后点击右侧的"Statistic"按钮，在弹出的"多个相关样本：统计"对话框中勾选"描述性"，最后依次点击"继续"和"确定"按钮。

（5）查看结果，如下图所示。

描述统计					
	个案数	平均值	标准偏差	最小值	最大值
埃安	18	4.83	1.886	1	7
长安	18	3.61	1.852	1	6
比亚迪	18	2.72	1.776	1	6

秩
	秩平均值
埃安	2.50
长安	2.00
比亚迪	1.50

检验统计^a
个案数	18
卡方	9.969
自由度	2
渐近显著性	.007
a. 傅莱德曼检验	

（6）决策与结论，可以从检验统计表中得出，$p = 0.007 < 0.05$，因此有统计学意义，因此我们拒绝原假设 H_0：$\mu_{埃安} = \mu_{长安} = \mu_{比亚迪}$，接受假设 H_1：用户对三款电车的品牌的偏好不完全相同。

（7）事后多重比较。点击分析—非参数检验—相关样本，在"字段"面板将三个变量字段选入，在设置面板选择"Friedman（傅莱德曼）双因素按秩 ANOVA 检验（k 个样本）"。结果如下图所示。

假设检验摘要				
	原假设	检验	显著性	决策
1	埃安,长安and比亚迪的分布相同。	相关样本傅莱德曼双向按秩方差分析	.007	拒绝原假设
显示了渐进显著性。显著性水平为.050。				

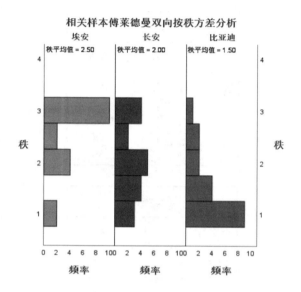

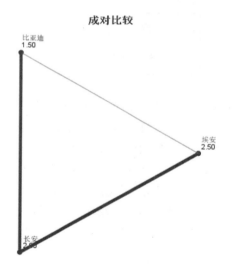

成对比较

每个节点都显示成功值样本数。

成对比较				
Sample1–Sample2	检验统计	标准误差	标准检验统计	显著性	Adj.显著性ᵃ
比亚迪–长安	.500	.333	1.500	.134	.401
比亚迪–埃安	1.000	.333	3.000	.003	.008
长安–埃安	.500	.333	1.500	.134	.401
每行都检验"样本1与样本2的分布相同"这一原假设。 显示了渐进显著性（双侧检验）。显著性水平为.05。				
a.已针对多项检验通过Bonferroni校正法调整显著性值。				

由结果可以看出，只有比亚迪与埃安比较时，p 值小于 0.05，用户偏好差异明显，另外两组两两对比并无统计学差异，因此我们可以认为用户对三款电车的品牌的偏好不完全相同，用户对埃安的满意度明显高于比亚迪。

第 13 章　卡方检验

1. 答：卡方检验又被称为 χ^2 检验，是一种用途比较广泛的非参数假设检验方法。与其他参数检验方法相比，它对于数据的分布约束或限制更小，不需要满足正态分布条件，并且样本的观察值不局限于数值型变量，还可以是类别变量和顺序变量。

2. 答：卡方检验分为两种类型：卡方拟合度检验和卡方独立性检验。

3. 答：卡方拟合度检验用来检测统计样本的实际观察值与理论推断值之间的偏离程度。卡方值越大，偏离程度越大；卡方值越小，偏差越小，越趋于符合；如果两个值完全相等，卡方值为 0，表明实际观察值与理论值完全符合。

4. 答：

（1）建立假设检验：

H_0:5 种口味粽子的口味偏好人数分布一致，H_1:5 种口味粽子的口味偏好人数分布不完全一致。$\alpha = 0.05$。

269

（2）打开 SPSS，在变量视图中输入口味和人数两个变量，并保留小数点位数为 0。在口味值标签种为 5 种口味分别设定值为 1、2、3、4、5。

（3）在数据视图种输入具体数据，然后保存文件为"卡方拟合度检验（粽子）"。

（4）依次点击"数据—加权个案"，调出"加权个案"对话框，然后将左侧对话框中的"人数"选到右侧"频率变量"中，并勾选上面的"加权个案"，最后点击"确定"，SPSS 会弹出一个对话框，标有 WEIGHT BY 人数。

（5）在数据视图中，依次点击"分析—非参数检验—旧对话框—卡方"。

（6）查看结果，如下图所示。

人数			
	实测个案数	期望个案数	残差
7	7	16.0	−9.0
11	11	16.0	−5.0
15	15	16.0	−1.0
20	20	16.0	4.0
27	27	16.0	11.0
总计	80		

检验统计	
	人数
卡方	15.250[b]
自由度	4
渐近显著性	.004

a.0个单元格（0.0%)的期望频率低于5。期望的最低单元格频率为16.0。

（7）决策与结论。在统计结果中我们可以看出，若是分布均匀，则每种口味对应人数应该是 16 人，但实际结果并非如此。卡方值为 15.25，$p = 0.004 < 0.05$，因此有统计学意义。我们拒绝原假设而接受其对立假设 H_1：5 种口味粽子的口味偏好人数分布不完全一致，消费者更偏好蜜枣粽子，而选择最少的是清水粽子。

5. 答：卡方独立性检验用来检验两个（或以上）样本率或者构成比例之间的差别是否有统计学意义，从而推断两个（或以上）总体率或者构成比例之间的差别是否有统计学意义。

6. 答：卡方独立性检验又可以分为四格表卡方检验、配对四格表卡方检验和 $R \times C$ 行列表卡方检验。

7. 答：四格表卡方检验用来比较不同类型的组在某一个指标上的差异，总共只有两个类别，被检验的指标也总共只有两类，总共有 4（2 × 2）种情况，即两行两列，因此称之为四格表。

8. 答：

（1）建立检验假设：

H_0：学生和就业人员对两款理财产品的偏好相同；H_1：学生和就业人员对两款理财产品的偏好分布不同。$\alpha = 0.05$。

（2）打开 SPSS，在变量视图中，输入社会身份、产品、人数三个变量，分别保留小数点后 0 位数字，分别为社会身份和产品设置值标签。

（3）切换到数据视图，输入具体的数据，保存为"四格表卡方检验（理财产品）"

（4）依次点击"数据—加权个案"，调出"加权个案"对话框，然后将左侧对话框中的"人数"选到右侧"频率变量"中，并勾选上面的"加权个案"。

（5）返回到"数据视图"，依次点击"分析—描述统计—交叉表"

（6）在弹出的"交叉表格"对话框中将左侧的"社会身份"和"产品"分别选到右侧的"行"和"列"矩形框中。接下来点击"Statistic"按钮，激活"交叉表格：统计"对话框，勾选"卡方"后点击"继续"回到"交叉表格"对话框，然后点击"单元格"对话框，在弹出来的"交叉表格：单元格显示"对话框中分别勾选"期望值"和"行"两个选项，点击"继续"回到"交叉表格"对话框，最后点击"确定"。

（7）查看结果，如下图所示。

社会身份 * 产品 交叉表					
			产品		
			A产品	B产品	总计
社会身份	学生	期望计数	29.0	14.0	43.0
		占社会身份的百分比	53.5%	46.5%	100.0%
	就业人员	期望计数	37.0	18.0	55.0
		占社会身份的百分比	78.2%	21.8%	100.0%
总计		期望计数	66.0	32.0	98.0
		占社会身份的百分比	67.3%	32.7%	100.0%

卡方检验					
	值	自由度	渐进显著性（双侧）	精确显著性（双侧）	精确显著性（单侧）
皮尔逊卡方	6.692[a]	1	.010		
连续性修正[b]	5.616	1	.018		
似然比	6.705	1	.010		
费希尔精确检验				.016	.009
线性关联	6.623	1	.010		
有效个案数	98				
a.0个单元格（0.0%）的期望计数小于5，最小期望计数为14.04					
b.仅针对2x2表进行计算					

（8）决策与结论。由于 n > 40，且没有单元格的期望计数小于5，所以选择皮尔逊卡方一行的 p 值，$p = 0.01 < 0.05$，因此有统计学意义，我

们拒绝原假设 H_0，接受其对立假设 H_1：学生和就业人员对两款理财产品的偏好分布不同，也就是不同的社会身份对这两款产品的偏好程度显著不同，就业人员相比于学生来说更偏向 A 产品。

9．答：

（1）建立检验假设。

H_0：使用两个设备的舒适度相同；H_1：使用两个设备的舒适度不同

$\alpha = 0.05$

（2）打开 SPSS，在变量视图中输入 Vision Pro、Quest 和人数三个变量，分别设置小数点位数为 0，分别为 Vision Pro 和 Quest 的两种结果赋值标签。

（3）切换到数据视图，输入具体数据并保存为"配对四格表卡方检验（VR 舒适度）"

（4）为人数变量设置加权。

（5）返回到"数据视图"，依次点击"分析—描述统计—交叉表"

（6）在交叉表格对话框中，将左侧的 Vision Pro 和 Quest 分别选到右侧的行和列矩形框中，接下来在 statistic 对话框中，勾选 McNemar 选项，最后点击"确定"。

（7）查看结果，如下图所示。

Vision Pro* Quest交叉表					
			Quest		总计
			出现不适	没有不适	
Vision Pro	出现不适	计数	7	4	11
		占Vision Pro的百分比	63.6%	36.4%	100.0%
	没有不适	计数	14	25	39
		占Vision Pro的百分比	35.9%	64.1%	
总计		计数	21	29	50
		占Vision Pro的百分比	42.0%	58.0%	

卡方检验		
	值	精确显著性（双侧）
麦克尼马尔检验		.031ª
有效个案数	50	
a. 使用了二项分布		

（8）决策与结论。从统计结果中可以得到，麦克尼马尔检验的 p 值为 0.031，小于 0.05，因此有统计学意义，我们拒绝零假设，接受假设 H_1：使用两个设备的舒适度不同，可以看出 Vision Pro 相比于 Quest 的舒适度有显著提升。

10．答：调整方法分为两种情况：

（1）多组之间进行两两比较，此时有：

$\alpha' = \alpha / N$

N 表示两两检验的总次数，计算公式为 $N = n \times (n-1)/2$，其中 n 为检验组的个数。

（2）多个实验组和一个对照组做比较，此时所需要的总的检验次数就没有一种情况那么多了。

$\alpha' = \alpha / (M-1)$

其中 M 表示实验组和对照组加起来的总个数。

11．答：

（1）建立检验假设

H_0：不同学生群体玩家对四个活动的偏好分布一致。

H_1：不同学生群体玩家对四个活动的偏好分布不完全一致。

$\alpha = 0.05$

（2）打开 SPSS，切换到"变量视图"，在里面分别输入"玩家群体""活动"和"人数"三个变量，并分别设置小数点后保留 0 位数字。接下来打开"玩家群体"变量所对应的字段"值"，在打开的"值标签"对话框中，为"小学生""中学生"和"大学生"分别赋值"1""2"和"3"；同样的方法在"活动"变量的"值标签"对话框中依次为活动 A、B、C 和 D 赋值"1""2""3"和"4"。

（3）切换到数据视图，输入相应的数据，并保存。

（4）依次点击"数据—加权个案"，调出"加权个案"对话框，然后将左侧对话框中的"人数"选到右侧"频率变量"中，并勾选上面的"加权个案"，最后点击"确定"。

（5）返回"数据视图"，依次点击"分析—描述统计—交叉表格"

（6）在弹出的"交叉表格"对话框中将左侧的"玩家群体"和"活动"分别选到右侧的"行"和"列"矩形框中，点击"确定"。接下来点击"Statistic"按钮，激活"交叉表格：统计"对话框，勾选"卡方"后点击"继续"回到"交叉表格"对话框，然后点击"单元格"对话框，在弹出来的"交叉表格：单元格显示"对话框中分别勾选"期望值和"行"两个选项，点击"继续"回到"交叉表格"对话框，最后点击"确定"。

（7）查看结果，如下图所示。

玩家群体* 活动交叉表			活动				总计
			活动A	活动B	活动C	活动D	
玩家群体	小学生	期望计数	167.5	103.1	166.6	156.7	594.0
		占玩家群体的百分比	20.9%	15.0%	37.9%	26.3%	100.0%
	中学生	期望计数	173.2	106.6	172.2	162.0	614.0
		占玩家群体的百分比	32.7%	16.3%	20.2%	30.8%	100.0%
	大学生	期望计数	218.3	134.3	217.1	204.2	774.0
		占玩家群体的百分比	30.2%	20.0%	26.7%	23.0%	100.0%
总计		期望计数	559.0	344.0	556.0	523.0	1982.0
		占玩家群体的百分比	28.2%	17.4%	28.1%	26.4%	100.0%

卡方检验			
	值	自由度	渐进显著性（双侧）
皮尔逊卡方	64.720ᵃ	6	.000
似然比	64.920	6	
线性关联	17.612	1	
有效个案数	1982		
a.0个单元格(0.0%)的期望计数小于5。最小期望计数为103.10。			

（8）决策与结论。"卡方检验"列表下方注释"0 个单元格的期望计数小于 5，最小期望计数为 103.10"，由此可见皮尔逊卡方结论是可信的。接下来我们读取皮尔逊卡方的 p 值为 0.000 小于 0.05，因此我们拒绝零假设 H_0：不同学生群体玩家对四个活动的偏好分布一致，接受其对立假设 H_1：不同学生群体玩家对四个活动的偏好分布不完全一致。

为了进一步研究是哪两个玩家群体的偏好有明显差异，我们需要进行两两对比。为避免产生类型 Ⅰ 错误的发生，我们调整检验标准，设定 $\alpha = 0.017$.

（9）接下来我们先进行小学生与中学生之间的两两对比，切换到变量视图，点击"玩家群体"栏后面的缺失值字段，设定缺失值为"3"（即忽略大学生群体，对比小学生和中学生），再回到数据视图。

（10）重复步骤 6，再进行卡方检验，结果如下图所示。

玩家群体* 活动交叉表			活动				
			活动A	活动B	活动C	活动D	总计
玩家群体	小学生	期望计数	159.8	92.9	171.6	169.6	594.0
		占玩家群体的百分比	20.9%	15.0%	37.9%	26.3%	100.0%
	中学生	期望计数	165.2	96.1	177.4	175.4	614.0
		占玩家群体的百分比	32.7%	16.3%	20.2%	30.8%	100.0%
总计		期望计数	325.0	189.0	349.0	345.0	1208.0
		占玩家群体的百分比	26.9%	15.6%	28.9%	28.6%	100.0%

卡方检验			
	值	自由度	渐进显著性（双侧）
皮尔逊卡方	50.952[a]	3	.000
似然比	51.540	3	.000
线性关联	9.389	1	.002
有效个案数	1208		
a. 0个单元格(0.0%)的期望计数小于5。最小期望计数为92.94。			

（11）我们读取皮尔逊卡方的 $p = 0.000 < 0.017$，差异具有统计学意义，可见小学生和中学生对四个活动的偏好分布有明显差异，小学生更喜欢活动 C，中学生更喜欢活动 A。

（12）同理，我们再对小学生和大学生进行两两比较，结果皮尔逊卡方 $p = 0.000 < 0.017$，差异具有统计学意义，所以小学生和大学生的偏好也具有明显差异，小学生更偏好活动 C，大学生更偏好活动 A。

（13）我们再对中学生和大学生进行两两对比，结果皮尔逊卡方 $p = 0.001 < 0.017$，差异具有统计学意义，所以中学生和大学生的偏好也具有明显差异，相比于大学生，中学生更多人喜欢活动 D，不喜欢活动 B，而大学生中喜欢活动 B 和活动 D 的人数分布相差不大。

12. 答：当行变量和列变量代表一个事物的同一属性的相同水平，但是对该属性各个水平上的区分方法不尽相同的时候，可以使用 Kappa 一致性检验方法。

13. 答：

（1）建立检验假设：

H_0：通过游戏 A 和游戏 B 的测试结果完全不一致（Kappa = 0）

H_1：通过游戏 A 和游戏 B 的测试结果存在一致性（Kappa ≠ 0），$\alpha = 0.05$

（2）打开 SPSS，切换到"变量视图"，在里面分别输入"游戏 A""游戏 B"和"数量"三个变量。其中"设计师 A"和"设计师 B"两个变量设为字符串型，"数量"变量设为数值型，小数点后保留 0 位数字。再切换至数据视图，输入具体数值。

（3）依次点击"数据 - 个案加权"，在弹出的对话框中选择"个案加权"单选框，将"个数"选入到"频率变量"列表框中，点击"确定"退出"个案加权"对话框。

（4）再依次点击"分析—描述统计—交叉表格"。

（5）在弹出的"交叉表格"对话框中将左侧的"游戏 A"和"游戏 B"分别选到右侧的"行"和"列"矩形框中，接下来点击"统计"按钮，激活"交叉表格：统计"对话框，勾选"Kappa"选项后点击"继续"回到"交叉表格"对话框，最后点击"确定"。

（6）结果如下图所示。

个案处理摘要

	个案					
	有效		缺失		总计	
	N	百分比	N	百分比	N	百分比
游戏A * 游戏B	16	100.0%	0	0.0%	16	100.0%

游戏A * 游戏B 交叉表

计数

		游戏B			总计
		极快	良好	普通	
游戏A	极快	6	1	1	8
	良好	3	2	0	5
	普通	1	0	2	3
总计		10	3	3	16

对称测量

		值	渐近标准误差[a]	近似 T[b]	渐进显著性
协议测量	Kappa	.368	.204	2.078	.038
有效个案数		16			

a. 未假定原假设。

b. 在假定原假设的情况下使用渐近标准误差。

（7）通过读取结果，我们可以看到 p 值为 0.038 < 0.05，差异有统计学意义，所以我们拒绝零假设 H_0 而接受其对立假设 H_1：游戏 A 和游戏 B 对新电脑网络延迟的测试结果是存在一致性的。通过读取 Kappa 值可以进一步确认这种一致性的强弱：本例中，Kappa 值 = 0.368 < 0.4，因此可以认为两款游戏的测试情况并不是非常一致。

14. 答：如果 Kappa 值 ≥ 0.75，说明有较高的一致性；如果 0.4 ≤ Kappa 值 < 0.75，说明一致性一般；如果 Kappa 值 < 0.4，说明一致性较差。

第14章 相关分析

1. 答：主要考察两个连续变量之间的相关关系。

2. 答：通常有直线相关、曲线相关、正相关和负相关、完全相关几种相关关系。

3. 答：连续变量的相关系数 r，介于 -1 和 1 之间，$-1 < r < 1$。这里的符号代表正相关还是负相关。$|r|$ 越接近于 1，则两个变量的相关性越强；$|r|$ 越接近于 0，则两个变量的相关性越弱。

4. 答：

（1）相关系数主要适用于线性相关的情况，对于曲线相关等复杂情况，相关系数的大小并不简单地反映相关性的强弱。

（2）样本中存在的极端异常值对相关系数的计算影响很大，在实际应用中需要慎重处理，必要时可以剔除或加以变量变换，以免产生错误的结论。

（3）相关系数的计算要求两个对应的变量服从一个联合的双变量正态分布，而不是简单的每个变量各自服从正态分布。

以上要求中前两个的要求是最严格的。

5. 答：

（1）建立检验假设：

H_0：电影评分和电影票房无直线相关关系

H_1：电影评分和电影票房有直线相关关系

（2）打开 SPSS，切换到"变量视图"，在里面分别输入"编号""评分"和"票房"三个变量，其中"序号"设置小数点后保留 0 位数字，"评分"和"票房"设置小数点后保留 1 位数字。

（3）切换到数据视图，在 SPSS 中点击"图形—图表构建器"，在弹出的"图表构建器"对话框中点击左下角"图库"中的"散点图/点图"，将图例中的第一个缩略图拖至右上角的图表预览区中。接下来分别将"评分"和"票房"拖至 X 轴和 Y 轴，然后点击"确定"按钮。得到如下散点图，可以看出评分与票房确实有较为明显的正相关线性趋势。

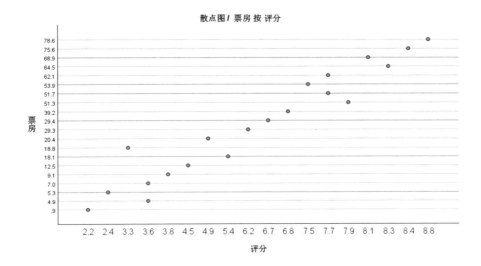

（4）回到数据视图，点击"分析—相关—双变量"，在弹出的"双变量相关性"对话框中，把"评分"和"票房"两个变量都选入"变量"列表框中，勾选"相关系数"中的"皮尔逊"检验以及"显著性检验"中的"双尾检验"。点击"确定"后得到结果如下图。

相关性

		评分	票房
评分	皮尔逊相关性	1	.933**
	显著性（双尾）		<.001
	个案数	701	701
票房	皮尔逊相关性	.933**	1
	显著性（双尾）	<.001	
	个案数	701	701

**. 在 0.01 级别（双尾），相关性显著。

（5）从结果中可以看出，"评分"和"票房"之间的相关系数 r = 0.933 接近于 1，所以存在较强的正相关关系，说明随着电影评分的增高电影票房会不断升高。进一步读取 $p < 0.001$，说明这种相关性是显著的，

具有统计学意义。我们可以下结论："电影评分"与"电影票房"的关联性存在着统计学差异（$r = 0.933$，$p < 0.001$）。

6. 答：此时不能采用 Pearson 相关系数，应选择 Spearman 相关系数，又称为秩相关系数，是一种非参数检验方法。

7. 答：偏相关分析，也称为净相关分析，是指当两个变量同时与其他的变量相关时，排除其他变量的影响，只分析该两个变量之间的相关性。这种方法的主要目的在于消除其他变量关联性的传递效应。

8. 答：

（1）打开 SPSS，在变量视图和数据视图输入表中的数据。

（2）在 SPSS 的数据视图下，点击"分析—相关—偏相关性"，在打开的"偏相关"对话框中，将"评分"和"票房"选入"变量"列表框中，将"制作成本"选入"控制"列表框中，然后点击"选项"按钮，在弹出的"偏相关性：选项"对话框中，勾选"平均值和标准差"以及"零阶相关系数"。偏相关分析统计结果如下图所示。

相关性

控制变量			评分	票房	制作成本
- 无 -[a]	评分	相关性	1.000	.933	.630
		显著性（双尾）	.	<.001	<.001
		自由度	0	699	699
	票房	相关性	.933	1.000	.680
		显著性（双尾）	<.001	.	<.001
		自由度	699	0	699
	制作成本	相关性	.630	.680	1.000
		显著性（双尾）	<.001	<.001	.
		自由度	699	699	0
制作成本	评分	相关性	1.000	.886	
		显著性（双尾）	.	<.001	
		自由度	0	698	
	票房	相关性	.886	1.000	
		显著性（双尾）	<.001	.	
		自由度	698	0	

a. 单元格包含零阶（皮尔逊）相关性。

（3）从结果中可以看出，当控制变量为"无"时，也就是结果表中的上半部分，"电影评分"与"电影票房"之间的关联性存在着统计学差异（$r = 0.933$，$p < 0.05$）。当控制变量为"制作成本"时，也就是结果表中的下半部分，"电影评分"与"电影票房"之间的关联性仍然存在着统计学差异（$r = 0.886$，$p < 0.05$），但此时的相关系数 r 相比之前变小了，说明"电影评分"与"电影票房"之间的正相关性会因为"制作成本"的影响而减弱。

第 15 章　线性回归

1. 答：相关分析方法尽管可以用来考察两个变量之间存在的相关关系，但是相关分析中的变量是没有主次之分的，无法揭示第一个变量如何影响第二个变量的变化趋势；另外，考虑两个变量之间的关系时，不可避免地要考虑其他变量所带来的影响。

2. 答：可以用 t 检验，也可以用方差分析。

3. 答：通过回归方程得到的因变量估计值和每一个实际测得的数值之间的差被称为残差，反映了除了回归方程中已有的自变量之外，实际应用中可能尚存的其他外界因素对因变量值的影响，也就是不能由自变量所能直接估计的部分。

4. 答：回归方程解释两个变量之间的关系要比相关分析更加准确。另外，用回归方程还可以进行预测和控制。

5. 答：应满足线性条件、独立性条件、正态性条件和方差齐性条件。

6. 答：

（1）在 SPSS 中输入数据之后，在数据视图中，点击"分析—回归—线性"，在弹出来的"线性回归"对话框中，将"票房"选入"因变量"列表框，将"评分"选入"自变量"列表框中。

（2）点击"确认"后我们会得到 4 个表格，如下图所示：

输入/除去的变量ᵃ

模型	输入的变量	除去的变量	方法
1	评分ᵇ		输入

a. 因变量：票房
b. 已输入所请求的所有变量。

模型摘要

模型	R	R 方	调整后 R 方	标准估算的错误
1	.933ᵃ	.870	.870	7.5320

a. 预测变量：(常量), 评分

ANOVAᵃ

模型		平方和	自由度	均方	F	显著性
1	回归	266304.664	1	266304.664	4694.147	<.001ᵇ
	残差	39683.487	699	56.731		
	总计	305988.151	700			

a. 因变量：票房
b. 预测变量：(常量), 评分

系数ᵃ

模型		未标准化系数		标准化系数		
		B	标准错误	Beta	t	显著性
1	(常量)	-45.233	1.470		-30.780	<.001
	评分	13.431	.196	.933	68.514	<.001

a. 因变量：票房

（3）由表中结果可得，相关系数 $r = 0.933$。与我们使用相关性分析所得结果一致。R^2 值为 0.870，说明所构建的回归方程模型可以解释因变量 87% 的变异。从方差分析结果可得 F 值为 4694.147，$p < 0.001$。所以回归模型有统计学意义。从回归系数表中我们可以得到常数 a = −45.233，b = 13.431，以此我们可以得到回归方程为：电影票房 = −45.233 + 13.431 × 电影评分。

7. 答：相关系数 R 的平方称为决定系数，其取值范围在 0 ～ 1 之间，表示自变量所能解释的方差在总方差中所占的百分比，这个值越大，说明模型的效果越好。也就是说，决定系数越大该因素所起的作用也越大。

8. 答：$\hat{y} = a + b_1 x_1 + b_2 x_2$，其中，$x_1$ 和 x_2 为自变量，$\hat{y}$ 是 y 的估计值或预测值；a 是常量，它指的是当 x_1 和 x_2 都为 0 时，回归直线在 Y 轴上的截距；b_i 称为回归系数，表示在其他自变量不变的条件下，b_i 所对应的 x_i 每变化一个单位，所预测的 y 的平均变化量。

9. 答：包括线性条件、独立性条件、正态性条件和方差齐性条件四个条件。另外，为了保证参数估计值的稳定，多重线性回归模型还多了一个样本量的要求，样本量需要达到自变量个数的 20 倍以上。

10. 答：

（1）检验假设 1：线性条件

在 SPSS 中通过图表构建器得到"评分"和"票房"以及"日均讨论量"和"票房"之间的散点图如下。从图中可以看出，"评分"和"票房"以及"日均讨论量"和"票房"之间均存在线性关系。

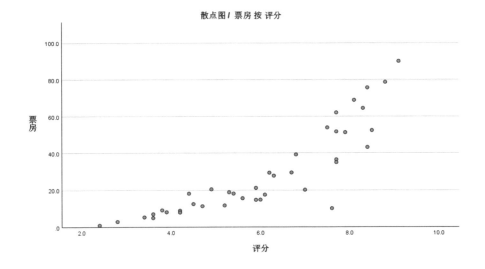

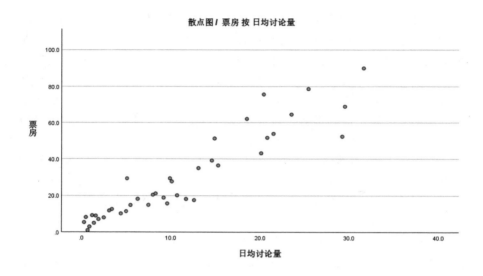

（2）检验假设 2：独立性条件

可以使用 Durbin-Watson（德宾 – 沃森）检验。在数据视图中，点击"分析—回归—线性"，在弹出来的"线性回归"对话框中，将"票房"选入"因变量"列表框，将"评分"和"日均讨论量"选入"自变量"列表框，接下来点击右侧的"统计"按钮，在弹出来的"线性回归：统计"对话框中，勾选"残差"下的"德宾 – 沃森"复选框，得到以下结果。其中德宾 – 沃森值为 1.877，介于 1～3 之间，因此满足独立性条件。

模型摘要^b

模型	R	R 方	调整后 R 方	标准估算的错误	德宾-沃森
1	.941^a	.885	.878	8.3101	1.877

a. 预测变量：(常量), 日均讨论量, 评分

b. 因变量：票房

（3）检验假设 3：正态性条件

多重线性回归假设中的正态性指的是残差近似服从正态分布。在

286

"线性回归"对话框中，点击右侧的"图"按钮，在打开的"线性回归：图"对话框中，勾选"标准化残差图"中的"直方图"和"正态概率图"两个复选框。可以得到残差正态性检验的直方图和 P – P 图结果。从图中可以看出，模型的残差基本上服从正态分布，没有严重偏离正态性假设。因此本案例的数据满足假设 3 的要求。

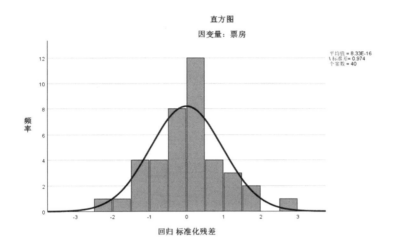

直方图

因变量：票房

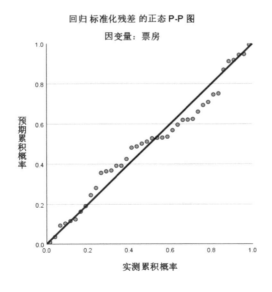

回归 标准化残差 的正态 P-P 图

因变量：票房

（4）检验假设4：方差齐性条件。

这一指标可以通过绘制标准化预测值与标准化残差的散点图来进行检验。仍在上一步的"线性回归"对话框中，点击右侧的"绘图"按钮，在打开的"线性回归：图"对话框中，将"ZPRED（标准化预测值）"选入 X 坐标，将"ZRESID（标准化残差）"选入 Y 坐标，得到结果如下图所示。本案例中，散点基本上均匀分布在 ±2 以内，有两个点介于（-3，-2）以及（2，3）之间，但整体上无明显趋势。因此，可以认为本案例的数据满足假设4的要求。

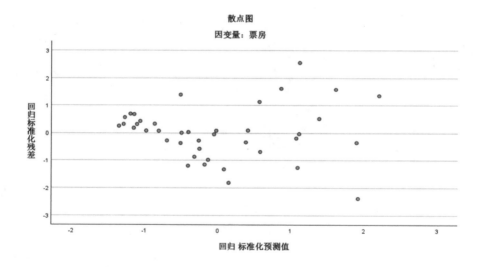

散点图

因变量：票房

（5）检验假设5：多重共线性条件

这一指标可以通过容忍度/方差膨胀因子来检验。仍然是在上一步的"线性回归"对话框中，点击右侧的"统计"按钮，在打开的"线性回归：统计"对话框中，勾选"回归系数"中的"估算值"复选框以及"共线性诊断"复选框。得到的结果如下所示，VIF 值为 4.252，小于 5。所以可以认为本案例的自变量之间不存在严重的多重共线性问题，满足假设 5 的要求。

288

系数ª

模型		未标准化系数		标准化系数			共线性统计	
		B	标准错误	Beta	t	显著性	容差	VIF
1	(常量)	-8.891	6.386		-1.392	.172		
	评分	2.648	1.482	.206	1.787	.082	.235	4.252
	日均讨论量	2.008	.306	.755	6.563	<.001	.235	4.252

a. 因变量：票房

（6）最后，根据上图结果得到多重回归线性方程模型如下：

电影票房 = -8.891 + 2.648 × 评分 + 2.008 × 日均讨论量

11. 答：如果 Durbin-Watson 取值范围介于 1 ～ 3 之间时，可以肯定残差间是相互独立的，即满足独立性要求。

12. 答：在共线性诊断中，若 VIF 值小于 5，则不存在严重的多重共线性问题。

第 16 章　用户行为研究实验总结

1. 答：需要保证所使用的统计学方法是正确的，比如分清是应该用独立样本检验还是配对样本检验，还应该注意所选择的统计学方法是否要求样本符合正态分布，如果要求符合正态分布，则需要确保进行过正态检验等等。

2. 答：数据的展示没有统一的标准，但是用图示的方法展示数据比直接用 Excel 表格展示效果要好得多。用来做数据可视化的软件和平台大概有三类。一是使用通用的开发语言或者成熟的商业 API 进行可视化的展示，例如 C + + 、Java、HTML5 和 OpenGL 等；二是使用一些专业的可视化开发语言或者库文件进行数据可视化表达，比如 D3. js、Processing、FlexFlare 等；三是使用第三方可视化制作分析软件。微软公司的 Excel 本身就支持很多常见的可视化效果图，例如散点图、折线图、柱状图、饼状图等。

参 考 文 献

［1］ Dam, A. V. （1997）. Post-WIMP User Interfaces. Communications of the ACM. 40 （2）. 63 – 67.

［2］ Dam, A. V. （2001）. User Interfaces: Disappearing, Dissolving, and Evolving. Communications of the ACM. 44 （3）. 50 – 52.

［3］ Gravetter, F. J. , Wallnau, L. B. （2014）. Essentials of Statistics for the Behavior Sciences. （Eighth Edition）. Wadsworth, Cengage Learning.

［4］ Green, M. , Jacob, R. （1991）. Software Architectures and Metaphors for Non-WIMP User Interfaces. Computer Graphics. 25 （3）. 229 – 235.

［5］ Norman, D. A. , Draper, S. W. （1986）. User Centered System Design: New Perspectives on Human-Computer Interaction. Lawrence Erlbaum Associates Inc.

［6］ Norman, D. A. （2010）. Natural User Interfaces Are Not Natural. Interactions. 17 （3）. 6 – 10.

［7］ Mitchell, M. L. , Jolley, J. M. （2010）. Research design explained. （Seventh Edition）. Wadsworth, Cengage Learning. 2010.

［8］ Myers, B. , Hudson, S. E. , Pausch, R. （2000）. Past, Present, and Future of User Interface Software Tools. ACM Transactions on Computer-Human Interaction. 7 （1）. 3 – 28.

［9］ Reeves, S. Envisioning Ubiquitous Computing （2012）. Proceedings of the SIGCHI Conference on Human Factors in Computing Systems. （CHI' 12）. 1573 – 1582.

［10］ Ritter, F. E. , Baxter, G. D. , Churchill, E. F. （2014）. Foundations for Designing User-Centered Systems: What System Need to Know about People. Springer Science Business Media.

[11] Ritter, F. E., Kim, J. W., Morgan, J. H., Carlson, R. A. (2013). Running Behavioral Studies with Human Participants：A Practical Guide. SAGE Publications, Inc.

[12] Shneiderman, B., Plaisant, C., Cohen, M., Jacobs, S., Elmqvist, N., Diakopoulos, N. (2016). Designing the User Interface：Strategies for Effective Human-Computer Interaction. (Sixth Edition). Pearson Education.

[13] Turk, M., Robertson, G. G. (2000). Perceptual User Interfaces：Introduction. Communications of the ACM. 43 (3). 32 − 34.

[14] Weiser, M. (1993). Some Computer Science Issues in Ubiquitous Computing. Communications of the ACM. 36 (7). 75 − 84.

[15] Weiser, M. (1994). The World Is Not A Desktop. Interactions. 1 (1). 7 − 8.